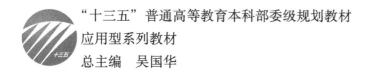

"十三五"普通高等教育本科部委级规划教材

应用型系列教材

总主编　吴国华

西服套装制板实例

左洪芬　孙振可　等编著

管伟丽　审

U0241352

中国纺织出版社

内 容 提 要

《西服套装制板实例》详细讲解了西服裙、西裤、衬衫、马甲、上衣、风衣等一系列与西服相关的服装制板要点，同时介绍了人体体型特征与测量、西服套装制板原理与方法、特殊体型西服制板的调整方法。

本书为适应服装专业教学的需要，力求在内容上更加贴近企业实际，既可以作为服装院校师生的专业教材，也可供服装企业技术人员参考。

图书在版编目（CIP）数据

西服套装制板实例/左洪芬等编著；管伟丽审 . 一北京：中国纺织出版社，2017.8（2022.1重印）

"十三五"普通高等教育本科部委级规划教材 . 应用型系列教材

ISBN 978 - 7 - 5180 - 3777 - 3

Ⅰ.①西… Ⅱ.①左… ②管… Ⅲ.①西服—服装量裁—高等学校—教材 Ⅳ.①TS941.712

中国版本图书馆 CIP 数据核字（2017）第 164717 号

策划编辑：孔会云 责任编辑：范雨昕 责任校对：楼旭红
责任设计：何 建 责任印制：何 建

中国纺织出版社出版发行
地址：北京市朝阳区百子湾东里 A407 号楼 邮政编码：100124
销售电话：010—67004422 传真：010—87155801
http://www.c-textilep.com
E-mail:faxing@ c-textilep.com
中国纺织出版社天猫旗舰店
官方微博 http://weibo.com/2119887771
北京虎彩文化传播有限公司印刷 各地新华书店经销
2017 年 8 月第 1 版 2022年1月第2次印刷
开本：787×1092 1/16 印张：13.5
字数：201 千字 定价：48.00 元

加快应用型本科教材建设的思考

一、应用型高校转型呼唤应用型教材建设

教学与生产脱节,很多教材内容严重滞后于现实,所学难以致用。这是我们在进行毕业生跟踪调查时经常听到的对高校教学现状提出的批评意见。由于这种脱节和滞后,造成很多毕业生及其就业单位不得不花费大量时间进行"补课",既给刚踏上社会的学生无端增加了很大压力,又给就业单位白白增添了额外培训成本。难怪学生抱怨"专业不对口,学非所用",企业讥讽"学生质量低,人才难寻"。

2010年颁布的《国家中长期教育改革和发展规划纲要(2010－2020年)》指出,要加大教学投入,重点扩大应用型、复合型、技能型人才培养规模。2014年,《国务院关于加快发展现代职业教育的决定》进一步指出,要引导一批普通本科高等学校向应用技术类型高等学校转型,重点举办本科职业教育,培养应用型、技术技能型人才。这表明国家已发现并着手解决高等教育供应侧结构不对称问题。

2014年3月,在中国发展高层论坛上有关领导披露,教育部拟将600多所地方本科高校向应用技术、职业教育类型转变。这意味着未来几年,我国将有50%以上的本科高校(2014年全国本科高校1202所)面临应用型转型,更多地承担应用型人才,特别是生产、管理、服务一线急需的应用技术型人才的培养任务。应用型人才培养作为高等教育人才培养体系的重要组成部分,已经被提上国家重要的议事日程。

"兵马未动、粮草先行"。应用型高校转型要求加快应用型教材建设。教材是引导学生从未知进入已知的一条便捷途径。一部好的教材既是取得良好教学效果的关键因素,又是优质教育资源的重要组成部分。它在很大程度上决定着学生在某一领域发展起点的远近。在高等教育逐步从"精英"走向"大众"直至"普及"的过程中,加快教材建设,使之与人才培养目标、模式相适应,与市场需求和时代发展相适应,已成为广大应用型高校面临并亟待解决的新问题。

烟台南山学院作为大型民营企业——南山集团投资兴办的民办高校,与生俱来就是一所应用型高校。2005年升本以来,学校依托大企业集团,坚定不移地实施学校地方性、应用型的办学定位,坚持立足胶东,着眼山东,面向全国;坚持以工为主,工管经文艺协调发展;坚持产教融合、校企合作,培养高素质应用型人才,初步形成

了自己校企一体、实践育人的应用型办学特色。为加快应用型教材建设,提高应用型人才培养质量,今年学校推出的包括"应用型教材"在内的"百部学术著作建设工程",可以视为烟台南山学院升本10年来教学改革经验的初步总结和科研成果的集中展示。

二、应用型本科教材研编原则

应用型本科作为一种本科层次的人才培养类型,目前使用的教材大致有两种情况:一是借用传统本科教材。实践证明,这种借用很不适宜。因为传统本科教材内容相对较多,教材既深且厚。更突出的是其与实践结合较少,很多内容理论与实践脱节。二是延用高职教材。高职与应用型本科的人才培养方式接近,但毕竟人才培养层次不同,它们在专业培养目标、课程设置、学时安排、教学方式等方面均存在很大差别。高职教材虽然也注重理论的实践应用,但"小才难以大用",用高职教材支撑本科人才培养,实属"力不从心",尽管它可能十分优秀。换句话说,应用型本科教材贵在"应用"二字。它既不能是传统本科教材加贴一个应用标签,也不能是高职教材的理论强化,应有相对独立的知识体系和技术技能体系。

基于这种认识,我认为研编应用型本科教材应遵循三个原则:一是实用性原则。教材内容应与社会实际需求相一致,理论适度、内容实用。通过教材,学生能够了解相关产业企业当前的主流生产技术、设备、工艺流程及科学管理状况,掌握企业生产经营活动中与本学科专业相关的基本知识和专业知识、基本技能和专业技能,以最大限度地缩短毕业生知识、能力与产业企业现实需要之间的差距。烟台南山学院的《应用型本科专业技能标准》就是根据企业对本科毕业生专业岗位的技能要求研究编制的一个基本教学文件,它为应用型本科有关专业进行课程体系设计和应用型教材建设提供了一个参考依据。二是动态性原则。当今社会科技发展迅猛,新产品、新设备、新技术、新工艺层出不穷。所谓动态性,就是要求应用型教材应与时俱进,反映时代要求,具有时代特征。在内容上应尽可能将那些经过实践检验成熟或比较成熟的技术、装备等人类发明创新成果编入教材,实现教材与生产的有效对接。这是克服传统教材严重滞后于生产、理论与实践脱节、学不致用等教育教学弊端的重要举措,尽管某些基础知识、理念或技术工艺短期内并不发生突变。三是个性化原则。教材应尽可能适应不同学生的个体需求,至少能够满足不同群体学生的学习需要。不同的学生或学生群体之间存在的学习差异,显著地表现在对不同知识理解和技能掌握并熟练运用的快慢及深浅程度上。根据个性化原则,可以考虑在教材内容及其结构编排上既有所有学生都要求掌握的基本理论、方法、技能等"普适性"内容,又有满足不同的学生或学生群体不同学习要求的"区别性"内容。本人以为,以上原则是研编应用型本科教材的特征使然,如果能够长期坚持,则有望逐渐形成区别于研究型人才培养的应用型教材体系和特色。

三、应用型本科教材研编路径

1. 明确教材使用对象

任何教材都有自己特定的服务对象。应用型本科教材不可能满足各类不同高校的教学需求,它主要是为我国新建的包括民办高校在内的本科院校及应用技术型专业服务的。这是因为:近10多年来我国新建了600多所本科院校(其中民办本科院校420所,2014年数据)。这些本科院校大多以地方经济社会发展为其服务定位,以应用技术型人才为其培养模式定位,其学生毕业后大部分选择企业单位就业。基于社会分工及企业性质,这些单位对毕业生的实践应用、技能操作等能力的要求普遍较高,而不苛求毕业生的理论研究能力。因此,作为人才培养的必备条件,高质量应用型本科教材已经成为新建本科院校及应用技术类专业培养合格人才的迫切需要。

2. 加强教材作者选择

突出理论联系实际,特别注重实践应用是应用型本科教材的基本特征。为确保教材质量,严格选择研编人员十分重要。其基本要求:一是作者应具有比较丰富的社会阅历和企业实际工作经历或实践经验,这是研编人员的阅历要求。二是主编和副主编应选择长期活跃于教学一线、对应用型人才培养模式有深入研究并能将其运用于教学实践的教授、副教授或工程技术人员,这是研编团队的领袖要求。主编是教材研编团队的灵魂,选择主编应特别注重考察其理论与实践结合能力的大小,以及他们是"应用型"学者还是"研究型"学者的区别。三是作者应有强烈的应用型人才培养模式改革的认可度,以及应用型教材编写的责任感和积极性,这是写作态度要求。四是在满足以上条件的基础上,作者应有较高的学术水平和教材编写经验,这是学术水平要求。显然,学术水平高、编写经验丰富的研编团队,不仅能够保证教材质量,而且对教材出版后的市场推广也会产生有利的影响。

3. 强化教材内容设计

应用型教材服务于应用型人才培养模式的改革。应以改革精神和务实态度,认真研究课程要求,科学设计教材内容,合理编排教材结构。其要点包括:

(1)缩减理论篇幅,明晰知识结构。应用型教材编写应摒弃传统研究型或理论型人才培养思维模式下重理论、轻实践的做法,确实克服理论篇幅越来越大、教材越编越厚、应用越来越少的弊端。一是基本理论应坚持以必要、够用、适用为度,在满足本课程知识连贯性和专业应用需要的前提下,精简推导过程,删除过时内容,缩减理论篇幅;二是知识体系及其应用结构应清晰明了、符合逻辑,立足于为学生提供"是什么"和"怎么做";三是文字简洁,不拖泥带水,内容编排留有余地,为学生自我学习和实践教学留出必要的空间。

(2)坚持能力本位,突出技能应用。应用型教材是强调实践的教材,没有"实践"、不能让学生"动起来"的教材很难取得良好的教学效果。因此,教材既要关注并反映职业技术现状,以行业、企业岗位或岗位群需要的技术和能力为逻辑体系,又要适应未来一段时期技术推广和职业发展要求。在方式上应坚持能力本位、突出技能应用、突出就业导向;在内容上应关注不同产业的前沿技术、重要技术标准及其相关的学科专业知识,把技术技能标准、方法程序等实践应用作为重要内容纳入教材体系,贯穿于课程教学过程,从而推动教材改革,在结构上形成区别于理论与实践分离的传统教材模式,培养学生从事与所学专业紧密相关的技术开发、管理、服务等工作所必需的意识和能力。

(3)精心选编案例,推进案例教学。什么是案例?案例是真实典型且含有问题的事件。这个表述的涵义:第一,案例是事件。案例是对教学过程中一个实际情境的故事描述,讲述的是这个教学故事产生、发展的历程。第二,案例是含有问题的事件。事件只是案例的基本素材,但并非所有的事件都可以成为案例。能够成为教学案例的事件,必须包含问题或疑难情境,并且可能包含解决问题的方法。第三,案例是典型且真实的事件。案例必须具有典型意义,能给读者带来一定的启示和体会。案例是故事但又不完全是故事,其主要区别在于故事可以杜撰,而案例不能杜撰或抄袭,案例是教学事件的真实再现。

案例之所以成为应用型教材的重要组成部分,是因为基于案例的教学是向学生进行有针对性的说服、引发思考、教育的有效方法。研编应用型教材,作者应根据课程性质、内容和要求,精心选择并按一定书写格式或标准样式编写案例,特别要重视选择那些贴近学生生活、便于学生调研的案例,然后根据教学进程和学生理解能力,研究在哪些章节,以多大篇幅安排和使用案例,为案例教学更好地适应案例情景提供更多的方便。

最后需要说明的是,应用型本科作为一种新的人才培养类型,其出现时间不长,对它进行系统研究尚需时日。相应的教材建设是一项复杂的工程。事实上从教材申报到编写、试用、评价、修订,再到出版发行,至少需要3~5年甚至更长的时间。因此,时至今日完全意义上的应用型本科教材并不多。烟台南山学院在开展学术年活动期间,组织研编出版的这套应用型本科系列教材,既是本校近10年来推进实践育人教学成果的总结和展示,更是对应用型教材建设的一个积极尝试,其中肯定存在很多问题,我们期待在取得试用意见的基础上进一步改进和完善。

烟台南山学院校长

吴国华

2017 年于龙口

西服自 170 多年前传入我国，一直作为商务洽谈、重要会议、仪式典礼等庄重场合的首选。从狭义上讲，西服套装单指西服上衣和西裤的两件套装搭配；从广义上讲，可与西服搭配穿着的相关服装均可列入西服套装范畴，比如衬衫、西服马甲、西服短裙、正装长裙、长款风衣均可包含其中。本书就根据这一广义范畴来介绍西服套装的制板，其中女装款式变化和结构变化较复杂，所以在章节比例上女装偏多。

本教材既可以作为服装结构课程的一个模块，单独讲解，又可以按款式类别拆分为几个模块嵌入高等教育不同阶段的专业课程教学中。本书融合了编写人员十余年的教学经验与实践生产经验，根据西服生产企业的实际款式与结构图编写而成。书中以大量的样板制图实例为主，配以款式说明及制图要点讲解，言简意赅，有较强的实践指导意义；同时又融入了最前沿的专业理论知识，具有前瞻性。教材结合近两年内企业生产实际，选取了 60 例具有代表性的西服套装款式进行制板讲解，既包含基本款的制板，又有拓展的时尚款式的制板讲解，旨在培养应用型和实用型人才，可作为服装专业课程教材，也可作为西服制板相关技术人员的参考用书。

本书作者之一左洪芬一直从事西服套装制板的教学和研究工作，主要担任"上装结构设计""时装纸样设计""服装推板技术""西装制作工艺"等课程的教学，研究方向为西服结构、西服工艺等。另一位作者孙振可为南山纺织服饰公司总经理，有多年的实际生产经验。主审管伟丽有多年服装制板教学经验，发表多篇服装制板相关学术论文。本书的参编人员也都具有非常丰富的实践操作经验与教学经验，且一直从事西服生产的实践工作。

全书共九章：第一~第四章、第九章由烟台南山学院左洪芬编写；第五章由烟台南山学院左洪芬与李金侠共同编写，第六~第八章男装制板部分由烟台南山学院杨雅莉编写，女装制板部分由左洪芬编写。第一章、第三章、第四章、第九章插图由烟台南山学院安凌中绘制完成，第五~第八章插图由南山学院安凌中与王静共同绘制完成。书中所有款式图由南山纺织服饰公司技术中心宋向前提供原始资料，由左洪芬与安凌中共同修改完成。书中所有结构图由孙振可审定修改。全书内容由左洪芬和孙振可负责统筹与修改，由山东科技职业学院管伟丽审订。

由于编写时间仓促，且作者水平有限，书中难免有疏漏和不足之处，欢迎广大同行专家和广大读者批评指正。

编　者

2017 年 4 月

目　　录

第一章　人体体型特征与测量

服装服务的对象是人，服装穿在身上，可以说是人体的第二层皮肤，是人体的软雕塑、外包装，就好像精美的礼品包装一样，所以不管是服装款式设计，还是结构设计，都应围绕人体为核心而展开工作。"量体裁衣"四个字精辟地概括了人体与服装的关系，人体的外形决定了服装的基本结构和形态，因此，在学习服装结构制图前，首先要了解人体结构及其特征，确定人体测量的部位与方法。

第一节　人体体型特征

一、人体比例

人体的外形可分为头部、躯干、上肢、下肢四个部分。其中躯干包括颈、胸、腹、背等部位；上肢包括肩、上臂、肘、下臂、腕、手等部位；下肢包括胯、大腿、膝、小腿、踝、脚等部位。

人体的比例通常以头长为单位测量，我国成年男性、女性身高的比例为 7 ~ 7.5 个头长，如图 1 - 1 所示。

二、男女体型差异（图1 - 2）

1. 颈部　男性颈部较粗，喉结位置偏低，外观明显，女性颈部较细，喉结位置偏高、平坦，外观不明显。颈部的形状决定了领的基本结构。

2. 肩部　肩部是前后衣身的分界线，是服装的主要支撑点。人体肩部呈球面状，前肩部呈双面状，肩头前倾，整个后肩呈弓形，肩端前倾，使服装的前肩斜度大于后肩斜度；肩的弓形使服装后肩斜线略长于前肩斜线。男性肩部一般宽而平，女性肩部窄而斜。

3. 前胸与后背部　胸与背的特征决定了男性后腰节长于前腰节。女性由于乳胸隆起，前腰节长于后腰节。胸部由一部分脊柱、胸骨及 12 对肋骨组成。男性胸廓长而大，呈扁圆形，前胸表面呈球面状，背部凹凸变化明显；女性胸廓教男性短小，前胸表面乳胸隆起胸背特征决定男性后腰节长于前腰节，女性相反，女性乳峰隆起，可以通过省、褶、裥及分割达到合体的目的。肩胛骨的凸起，决定了女装合体的结构要有肩背省。

4. 腰部　腰部呈扁圆状，小于胸围和臀围，侧腰部及后腰部呈双曲面状。男性腰部较宽，腰部凹陷不明显，女性腰部窄于男性且凹陷较明显，因此男装的吸腰量小于女装。

与服装制图相关的人体主要部位男女体型差异对照见表 1 - 1。

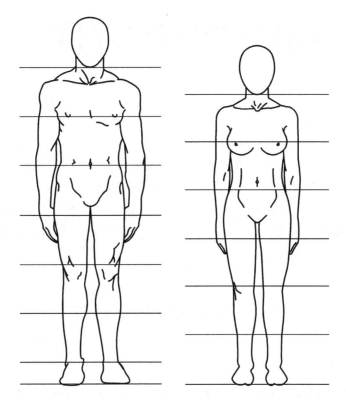

图1-1　男女人体对比图

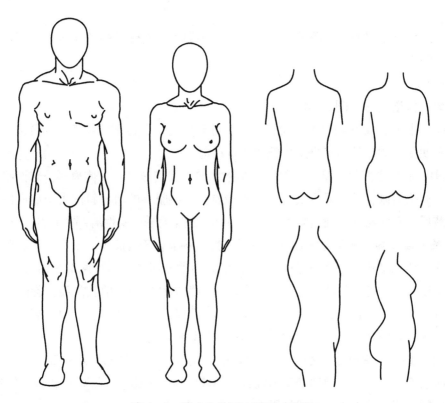

图1-2　男女人体正、侧面对比图

表1-1 男女体型差异对照表

人体部位	男性体型特征	女性体型特征
颈	较粗，横截面呈桃形	较细长，横截面呈扁圆形
肩	宽而平，锁骨弯曲度较大	扁而向下倾斜，锁骨曲度较缓
胸	胸廓较长而宽阔，胸肌健壮，较平坦	胸廓窄而短小，胸部隆起，表面起伏变化较大
背	较宽阔，背肌丰厚	较窄，教圆厚
腹	腹肌起伏明显，较扁平	圆厚宽大
腰	曲度较小，腰节较低，凹陷较缓	曲度较大，腰节较高，凹陷较甚
骨盆	盆骨高而窄	盆骨低而宽，臀部宽大丰满，向后突出，臀股沟深陷
上肢	略长，上臂肌肉强健，肘部宽大，手宽厚略粗壮	略短，肘部宽厚，腕部较窄，手较窄小
下肢	略长，腿肌强健	略短，腿肌圆厚

第二节　人体测量

　　人体的基本测量是正确掌握人体体型特征的必要手段，测量人体有关部位的长度、宽度和围度的规格数据是进行服装结构设计、制订成衣规格的必要前提之一。它在服装设计与生产过程中具有奠基作用。对人体结构特征的掌握及进行正确的测量，是服装从业者得必备技能。

一、测量方法

　　测量身高一般常用的工具有腰节带、软尺、人体测高仪。测量时要遵循以下原则。

　　（1）净尺寸测量。净尺寸是确立人体基本模型的参数。为了使净尺寸测量准确，被测者要求穿紧身的衣服。软尺不宜过松或过紧，保持纵直横平，以便设计者的发挥。

　　（2）直立测量。被测者应站直、勿低头、挺胸、保持自然姿势。

　　（3）定点测量。是为了保证各部位测量的尺寸尽量准确，避免凭经验猜测。

　　（4）特别标记。测量时，观察被测者的体型，如有特殊部位应做好记录。

　　（5）围度测量。右手持软尺水平围绕一周，注意软尺贴紧测位，既不脱落也无扎紧感。

　　（6）厘米制测量。测量者所采用的软尺必须是厘米制，以求得标准单位的规范统一。

二、测量基准点

　　根据人体测量的需要，可对人体划分以下测量基准点。

　　（1）颈窝点。位于人体前中央颈、胸交界处，它是测量人体身长的起点，它是后颈窝定位的参考依据。

（2）颈椎点。位于人体后中央颈、背交界处（即第七颈椎界），它是测量人体背长及上体长的起始点也是测量服装后衣长的起始点及服装领椎定位的参考依据。

（3）颈侧点。位于人体颈部侧中央与肩部中央的交界处，它是测量人体前、后腰节长的起始点，也是测量服装前衣长的起始点及服装领肩点定位的参考依据。

（4）肩端点。位于人体肩关节峰点处，它是测量人体总肩宽的基准点，也是测量臂长或服装袖长的起始点，及服装袖肩点定位的参考依据。

（5）胸高点。位于人体胸部左右两边的最高处，它是确定女装胸省省尖的方向参考。

（6）背高点。位于人体背部左右两边的最高处，它是确定女装后肩肩省省尖的方向参考。

（7）前腋点。位于人体前身的臂与胸的交界处，它是测量人体胸宽的基准点。

（8）后腋点。位于人体后身的臂与胸的交界处，它是测量人体背宽的基准点。

（9）前肘点。位于人体上装上肢肘关节前端处，它是服装前袖弯线凹势的参考点。

（10）肘点。位于人体上装上肢肘关节后端处，它是确定服装后袖弯凸势及袖肘省省尖方向的参考点。

（11）前腰中点。位于人体前腰部正中央处，它是前左腰与前右腰的分界处。

（12）后腰节中点。位于人体后腰部正中央处，它是后左腰与后右腰的分界处。

（13）腰侧点。位于人体侧腰部位正中央，它是前腰与后腰的分界处，也是测量服装裤长或裙长的起始点。

（14）前臀中点。位于人体前臀正中央处，它是前左臀与前右臀的分界点。

（15）后臀中点。位于人体后臀正中央处，它是后左臀与后右臀的分界点。

（16）臀侧点。位于人体侧臀正中央处，它是前臀和后臀的分界点。

（17）臀高点。位于人体后臀左右两侧最高处，它是确定服装臀省省尖的方向参考点（或区域）。

（18）前手腕点。位于人体手腕的前端处，它是测量服装袖口大的基准点。

（19）后手腕点。位于人体手腕的后端处，它是测量人体臂长的终止点。

（20）会阴点。位于人体两腿的交界处，它是测量人体肢下和腿长的起始点。

（21）髌骨点。位于人体膝关节的外端处，它是测量确定服装衣长或裙长的参考点。

（22）踝骨点。位于人体脚腕处侧中央，这是测量人体腿长的终止点，也是测量服装裤长的基准点。

人体基准点的设置将为服装主要结构点的定位提供可靠的依据。

三、测量部位

（1）衣长。自颈侧点向下通过胸点 BP 至所需的长度。

（2）胸围。自胸部最丰满处，过胸点 BP，水平围量一围。

（3）腰围。自腰部最细处，水平围量一周。

（4）臀围。过臀部最丰满处，水平围量一周。

（5）腹围。在腹部最丰满处，约在腰围线与臀围线的中间，水平围量一周。

（6）腰长。腰围线至臀围线的长度。

（7）背长。自后领中心点量至腰围线。

（8）前腰节长。自颈侧点过胸点至腰围线。

（9）下身长。经腰围后中心点垂量至脚底。

（10）总肩宽。左肩端点过后领中心点至右肩端点。

（11）背宽。后腋下左量至右。

（12）胸宽。前腋下左量至右。

（13）袖长。肩端点过肘点至手腕骨（量时手臂稍弯曲）。

（14）肘长。肩端点至肘点。

（15）胸高。自颈侧点量至胸点。

（16）胸距。两 *BP* 点之间的距离。

（17）头围。过前额至脑后突出部位量一周。

（18）颈根围。过颈侧点，第七颈椎点、领前中心点围量一周。

（19）颈围。过第七颈椎水平围量颈部一周。

（20）腋窝围。过肩端点 *SP*、前后腋点，围量一周。

（21）上臂围。围量上臂最粗处一周。

（22）肘围。围量突出部位一周。

（23）腕围。围量腕骨一周。

（24）掌围。五指并拢量其最宽处一周。

（25）踝围。经过脚踝骨围量脚踝一周。

（26）脚口。脚踝围的一半。

（27）裤长。自腰侧点垂量至踝围线的距离。

（28）股上长。坐量自腰围线至凳面的距离。

（29）股下长。裤长减去股上的长度。

第三节　特殊体型的特征与测量

人体的体型由于年龄、性别、职业、体质、疾病、种族遗传及发育等因素，形成了不同的体型，一般可分为正常体型和特殊体型两大类。正常体型的胸、背、肩、腹、臀、四肢等各部位比例正常，骨骼、肌肉发育均衡。所谓标准人体和理想人体一般是指正常体型。服装结构制图中的人体，除特殊说明外，都是指正常体型。对于特殊体型的制图和裁剪，应找出与正常体型之间的差异，在结构制图时针对相关部位作一些修正。

特殊体型是指体型上的发展不均衡，超越正常体型范围的各种体型。

对于畸形体型，如鸡胸、歪脖、残缺体型，不属于特殊体型。

一、特殊体型的分类

（1）比例失调。如瘦高体、矮胖体、宽肩平髋体、窄肩宽髋体等。

（2）形态异常。平肩、溜肩、扭肩、宽肩、O形腿、X形腿等。

（3）左右不对称。高低肩、长短腿、高低胸等。

（4）前后不对称。探颈、挺胸、驼背、平胸、凸腹、凸臀、平臀等。

二、特殊体型的测量

特殊体型的测量，只是在一般测体的基础上，针对特殊部位补充测量。常用经验判断与测量加推算相结合的方法，对于所测的数据只作为结构制图的参考尺寸。以下是对特殊体型的加量部位：

（1）驼背体。注意衣长的测量，加量后腰节长。

（2）挺胸体、凸胸体。仔细测量前腰节长，推测"胸高点"尺寸。

（3）凸腹体。上衣加量后衣长，并与前衣长比较。下装加量腹围尺寸与围裆尺寸。

（4）平肩、溜肩、高低肩。与正常肩（女肩20°、男肩19°）比较找出调节值。

（5）凸臀体。准确测量臀围，做西服、旗袍时，宜加测后腰节至臀高点的尺寸。

三、特殊体型的体型特征

（1）挺胸体。胸部前挺，饱满凸出，后背平坦，头部略往后仰，前胸宽，后背窄。

（2）驼背体。背部凸出且宽，头部略前倾，前胸则较平且窄。

（3）平肩。两肩端平，呈"T"字形。

（4）溜肩。两肩塌，呈"个"字形。

（5）高低肩。左右两肩高低不一，一肩正常，另一肩则低落。

（6）凸臀。臀部丰满凸出，腰部的中心轴向前倾。

（7）平臀。臀部平坦。

（8）凸腹。腹部凸出。臀部并不显著凸出，腰部的中心轴向后倾倒。

（9）O形腿。两膝盖向外弯，两脚向内偏，下裆内呈椭圆形。

（10）X形腿。臀下弧线至两膝盖向内并齐，两腿平行且外偏，膝盖以下至脚跟向外撇呈八字形。

四、特殊体型的表示符号（表1-2）

表1-2　特殊体型表示符号

平胸	高胸	挺胸	凸腹	孕肚	驼背	肥胖

细长颈	短粗颈	平肩	溜肩	左高右低肩	左低右高肩	凸臀体
落臀体	大腹驼背	挺肚大臀	长短腿	O形腿	X形腿	平臀

第二章　西服套装制板原理与要求

服装制板是高等院校服装专业必不可少的一门核心专业课程。本书选取近两年西服套装中多个流行款式进行制板，对制图要点进行归纳，采用企业中常用的制板方法进行绘图；在制板原理与要求上尽量兼顾企业与教学的双方要求，既能简单快捷、高效地完成制板，又能细化步骤，为教学讲解提供理论依据。

第一节　制板概念、术语及基本流程

一、基本概念

（1）制板：也称"打板"。对服装结构通过分析计算，在纸张或者面料上绘制出服装结构线的过程。

（2）基础线、轮廓线、结构线：基础线指的是结构制图过程中使用的纵向和横向的基础线条；轮廓线指的是构成服装部件或成型服装的外部造型的线条；结构线指能引起服装造型变化的服装部件外部和内部缝合线的总称。

（3）裁剪样板、工艺样板：裁剪样板是在成衣生产的批量裁剪时用来划样的样板。如面料样板、里料样板、衬料样板等。工艺样板是在成衣生产的缝制和熨烫、质检过程中起辅助作用的样板。如西服加衬后用来进行修正核样的修正样板；用来熨烫褶裥、袋盖等的定型样板；用来定位纽扣、口袋等的定位样板等。

（4）推板：以标准样板（一般为中间号型样板，也可用最大或最小号型样板）为母板，通过科学的计算及放缩得出同一款式、不同规格纸样的过程，也称放码、括号、推档等。

（5）档差：样板推档过程中，某一服装款式相邻两号型之间相同部位的规格之差。

二、部位术语

（1）门襟、里襟、搭门：开扣眼的一侧衣身为门襟；钉扣子的一侧衣身为里襟；门、里襟需要重叠的部位为搭门，又称叠门。

（2）驳头、驳口线、串口：门里襟上部随着衣领一起向外翻折的部分为驳头；翻折线又称驳口线；领面与驳头缝合处称为串口。

（3）上裆、横裆、中裆、下裆：腰头上口至腿分叉处的部位为上裆；上裆下部最宽处为横裆；膝盖处为中裆；横裆至脚口之间的部位为下裆。

（4）省、褶、裥：为适合人体和造型需要，将衣料缝去的部分叫做省；将衣料缝缩而成的自然褶皱叫做褶；将衣片以折叠、熨烫成型的方式处理的部分叫做裥。

三、基本流程

（1）根据工艺单要求的款式特点，结合面辅料的要求与缝制工艺要求，进行基准样板的确定。基准样板一般为加放缝份、折边后且进行缩水率和热缩率计算后的毛板。

（2）根据工艺单中规格表的号型要求，结合服装款式进行成品规格各部位档差的确定。

（3）根据款式特点，选择合适的基准点、基准线和放码点，按各部位的档差进行全套工业纸样的制作。样板主要包括裁剪样板和工艺样板两大类。

（4）根据制作出的样板种类进行整理标记。标注上对位标记、省位、袋位等，还要在经向号的上下位置标注上产品的编号及名称、号型规格、样片的名称、性质及裁片数。

第二节　西服套装结构制图方法

服装结构制图的方法主要有三种：平面裁剪法、立体裁剪法和计算机辅助裁剪法。企业中西服套装制板多采用平面裁剪法。

平面裁剪法又分为原型法、比例法、基型法和直接注寸法四种。

一、原型法

按照中间号型的人体模型，测量出各个部位的标准尺寸，制出服装的基本形状，就叫做服装原型。原型一般包括上衣前后片、袖片和裙子前后片。服装原型只是服装平面制图的基础，并不是正式的服装裁剪图。

由于地域差异，各个国家的人体体型不尽相同，所以都有属于本国的原型。例如美国原型、英国原型等。

我国人体体型与日本比较接近，国内原型法制图多采用日本文化式女装原型，如图 2 – 1 所示，其中 B^* 代表净胸围。利用这种原型制图方法容易学习，传播较广，影响也比较大。近年来我国服装行业专家正在探索研究专属于我国的女装原型，如东华大学研究出的东华原型，目前也正在实践与推广中，如图 2 – 2 所示，其中 h 代表身高。

二、比例法

比例法又称“胸度法”，是我国传统的服装制图方法之一，将服装各部位采用一定的比例再加减一个定值来计算。例如：前后衣片用 $B/4±$ 定数、$B/3±$ 定数；裤子臀围用 $H/4±$ 定数来计算等。

比例裁剪法应用比较灵活，容易学会，任何体型都可以按照这种比例方法作图。目前，服装行业中的推板主要使用比例公式来计算档差。但比例法的计算公式准确性较差，中号尺寸计算还可以，过大或者过小规格的尺寸误差就比较大，对某些部位要进行一些修正。

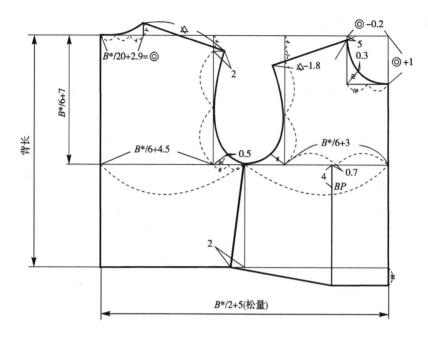

图2-1　日本文化式女上衣原型

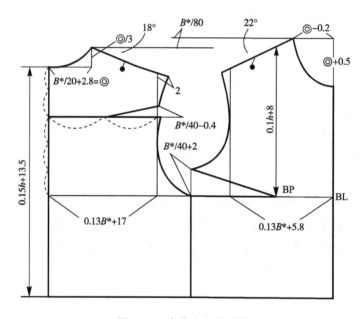

图2-2　东华女上衣原型

三、基型法

基型法是在借鉴原型法的基础上提炼而成的。基型法由服装成品胸围尺寸推算而得,各围度的放松量不必加入,只需根据款式造型要求制订即可。此种方法常用于相似款式的服装制板,本书研究的西服套装这一对象就属于款式变化不大的服装种类,若尺寸表和廓形只在细节上发生改变,可采用基型法来拓展相似样板。

四、直接注寸法

在制板时，如果工艺单中只提供了款式图或者只提供样衣，就需要根据款式图上标注的各部位规格尺寸或者根据样衣来测量出各部位的规格尺寸来制图，此时就不需要制图用的计算公式了。

样衣测量（也叫复样、驳样）的尺寸数据，有一定的误差，制图时在各部位线条连接画顺的基础上，对有些尺寸要做一些核对修正。

此种方法由于其灵活性，常用于单体定制甚至高级定制。每个人的体型特征不同，板师通过测量个体的尺寸，得出精确的数据来进行制板，样板能够更加具有针对性地来适应不同的体型，进而达到服装的修身合体效果。但此种方法有一定的难度，需要板师具有较强的理论基础和较丰富的实践经验。

第三节　西服套装制图标准与要求

服装结构图是裁剪服装的依据，是服装行业的技术文件，是在生产和技术交流中必要的资料，是在服装设计款式图的基础上，按照服装结构的组合原理，画出衣片的各个部件，并详细标明各部位线条的绘制方法及计算公式等。

一、制图步骤

（1）先画基础线，再画轮廓线，最后画内部结构线。对于某一衣片的制图顺序，一般是先定上下长度，如衣片的上平线、下平线等水平横向线，再画左右宽度，如衣片的后中、前中等竖直纵向线，将整幅图合理布局、确认不会超出边界后，再按照一定顺序画外部轮廓线。一般后衣片的轮廓线从后领开始按顺时针方向绘制，前衣片从前领开始按逆时针方向绘制。外轮廓线完成后再看内部分割线和零部件的结构线，如省道、褶裥、口袋等内部线条。

（2）先画主部件，后画零部件。一件服装可能要分成若干个部件，上装的主部件指前后衣片、大小袖片，下装的主部件指前后裤片或者前后裙片；上装的零部件指领子、袋布、袋盖、挂面、袋垫、嵌条等，下装的零部件指腰头、门里襟、袋垫、后兜布等。

通常绘图者应先完成主要部件的绘制，再画零部件。因为零部件中的尺寸大多要与主件中的尺寸相符合，例如袖子的袖山弧线长度要与衣身的袖窿弧线长度相配伍；衣领的领下口弧线要与衣身的前后领弧线长度相符合，且因主部件的裁片面积比较大，对纱向的要求比较高，先画主部件有利于后期合理排料。

（3）先画面料图，后画辅料图。一件服装使用的辅料应与面料相配合，制图时，应先绘制好面料的结构图，然后根据面料来配辅料。对于西服套装来说，辅料包括夹里、衬料、嵌条等。

（4）上衣先画后片，再画前片。企业生产时，多数客户提供的工艺单中，标注的衣长是后衣长，即从后颈点开始测量至底边的长度（不包含后领高），此时结构制图应先画后片以保证尺寸的相对准确。

二、制图工具

（1）直尺。服装制图的基本工具。在纸上绘制结构图时一般采用有机玻璃尺，其平直度好，刻度清晰，不遮挡制图线条。常用的规格有 20cm、30cm、50cm、60cm、100cm 等。

（2）角尺。分三角尺和90°角尺两种。三角尺按角度分别为30°、60°、90°和45°、45°、90°两个配套使用。90°角尺两边有不同的规格，主要用于制大图或代替"丁"字尺用（图2-3）。

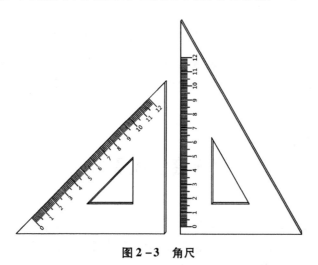

图2-3　角尺

（3）曲线板。曲线板上的曲线是由许多曲率半径不同的圆弧组成，使用时，应根据各部位弧线的曲率大小，分别选择曲线板上吻合曲线的部分，连接各点描出曲线。常用于画裙子、裤子侧缝线、前后裤裆弯线、衣袖缝线及下摆线等弧线。

（4）放码尺。又名方格尺。用于绘平行线、放缝份和缩放规格，长度常见有 45cm、60cm（图2-4）。

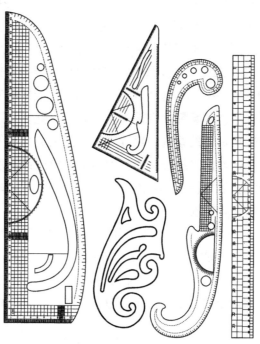

图2-4　放码尺

（5）软尺。又称皮尺，常用于人体测量或量取弧线长度的软尺。软尺规格多为150cm。一般为塑料材质，长期使用会出现测量误差，应及时核验、更换（图2-5）。

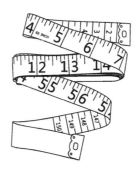

图2-5　软尺

（6）自由曲线尺。又名蛇尺。可自由折成各种弧线形状，用于测量弧线长度。如袖窿、袖山等结构线的测量（图2-6）。

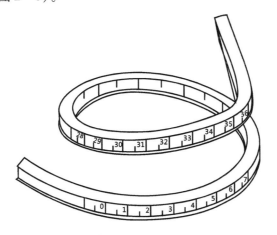

图2-6　自由曲线尺

（7）比例尺。用于在本子上作缩小图记录。其刻度根据实际尺寸按比例缩小，一般有1/2、1/3、1/4、1/5的缩图比例（图2-7）。

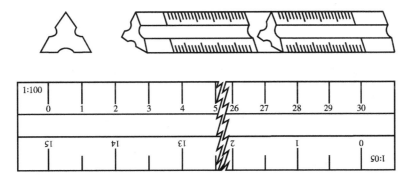

图2-7　比例尺

（8）量角器。作图时用于肩斜度等角度的测量。

（9）剪口钳。可在样板边缘减掉一个 U 形缺口，用于在样板上做对位标记（图 2−8）。

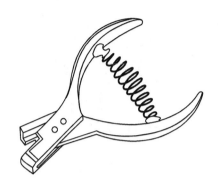

图 2−8　剪口钳

（10）铅笔。制图主要工具。通常用 2B 或者 B 铅笔加粗轮廓线，用 HB 或 H 铅笔来绘制基础线等。

（11）描图器。又名滚轮。用于将布上样线拷贝、描画到样板纸上（图 2−9）。

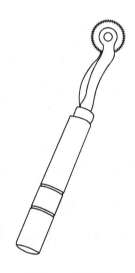

图 2−9　描图器

三、制图比例

服装制图比例是指制图时图形的尺寸与服装部件（衣片）的实际大小的尺寸之比。主要有以下三种制图比例。

（1）缩比。将服装部件（衣片）的实际尺寸缩小若干倍后制作在图纸上。如 1∶2、1∶3、1∶5、1∶10 等。

（2）等比。将服装部件（衣片）的实际尺寸按原样大小制作在图上，即制图比例为 1∶1。

（3）倍比。强调说明某些零部件或服装的某些部位时，将服装零部件按实际大小放大若干倍后制作在图上，一般采用较少，且仅限于零部件或某些部位，如2∶1、4∶1等。

在同一图纸上，应采用相同的比例，并将比例填写在标题栏内，如需要采用不同比例时，必须在每一零部件的左上角标明比例，如M1∶1、M1∶2等。

四、制图图线

服装制图图线形式及用途见表2-1。

表2-1　服装制图图线形式及用途　　　　　　　　　　单位：mm

序号	图线名称	图线形式	图线宽度	图线用途
1	粗实线	——————	0.9mm	（1）服装和零部件轮廓线 （2）部位轮廓线
2	细实线	——————	0.3mm	（1）图样结构基础线 （2）尺寸线和尺寸界线 （3）引入线
3	粗虚线	— — — — —	0.9mm	背面轮廓影示线
4	细虚线	— — — — —	0.3mm	缝纫明线
5	单点画线	— · — · —	0.6mm	对称部位对折线
6	双点画线	— ·· — ·· —	0.3mm	不对称部位折转线

五、制图符号

服装制图符号及用途见表2-2。

表2-2　服装制图符号及用途

序号	符号	名称	用途
1	—③—	顺序号	制图的先后顺序
2		等分号	某一线段平均等分
3		裥位	衣片中需折叠的部分
4		省缝	衣片中需缝去的部分
5		间距线	某部位两点间的距离

续表

序号	符号	名称	用途
6	〔§〕	连接号	裁片中两个部位应连在一起
7	└─ ⌐─⌐	直角号	两条线相互垂直
8	○ ◎ ● △ ▲	等量号	两个部位的尺寸相同
9	⊢─┤	眼位	扣眼的位置
10	⊕	扣位	纽扣的位置
11	←──→	经向号	原料的经向（纵向）
12	──→	顺向号	毛绒的顺向
13	⫴⫴⫴	螺纹号	衣服下摆或者袖口处装螺纹边或者松紧带
14	- - - - - - -	明线号	缉明线的标记
15	∿∿∿	褶裥号	裁片中直接收成褶的部位
16	⌒⌒	归缩号	裁片该部位经熨烫后归缩
17	⋀⋀	拔伸号	裁片该部位经熨烫后拔开、伸长
18	⊓⊔⊓⊔	拉链	该部位装拉链
19	⌒⌒⌒⌒	花边	该部位装花边

六、部位代号

服装制图主要部位代号见表2-3。

表2-3　服装制图主要部位代号

序号	中文	英文	代号
1	衣长	Length	L
2	领围	Neck Girth	N
3	胸围	Bust Girth	B

续表

序号	中文	英文	代号
4	腰围	Waist Girth	W
5	臀围	Hip Girth	H
6	横肩宽	Shoulder	S
7	胸围线	Bust Line	BL
8	腰围线	Waist Line	WL
9	臀围线	Hip Line	HL
10	肘线	Elbow Line	EL
11	膝盖线	Knee Line	KL
12	胸点	Bust Point	BP
13	颈肩点	Side Neck Point	SNP
14	颈前点	Front Neck Point	FNP
15	颈后点	Back Neck Point	BNP
16	肩端点	Shoulder Point	SP
17	袖窿	Arm Hole	AH
18	袖长	Sleeve Length	SL
19	袖口	Cuff Width	CW
20	袖山	Arm Top	AT
21	袖肥	Bicpes Circumference	BC
22	裙摆	Skirt Hem	SH
23	脚口	Slacks Bottom	SB
24	底领高	Band Height	BH
25	翻领宽	Top Collar Width	TCW
26	前胸宽	Front Bust Width	FBW
27	后背宽	Back Bust Width	BBW
28	上裆长（股上长）	Crotch Depth	CD
29	前腰节长	Front Waist Length	FWL
30	后腰节长	Back Waist Length	BWL
31	前裆	Front Rise	FR
32	后裆	Back Rise	BR

第四节　号型系列与控制部位

一、号型

号指人体的身高，以厘米为单位表示，是设计和选购服装长短的依据；型指人体的胸围或腰围，以厘米为单位表示，是设计和选购服装肥瘦的依据。国家标准根据人体的胸围与腰围的差数，将体型分为四种体型，代号分别为 Y、A、B 和 C。它的分类有利于成衣设计中胸腰围差数的合理使用，也为消费者在选购服装时提供了方便。其中男子服装标准的体型代号、范围及各体型所占总量比例见表 2-4，女子服装标准的体型代号、范围及各体型所占总量比例见表 2-5。

表 2-4　男子服装标准的体型代号、范围及各体型所占总量比例　　　单位：cm

体型分类代号	Y	A	B	C
胸腰差	17~22	12~16	7~11	2~6
比例（%）	20.98	39.21	28.65	7.92

表 2-5　女子服装标准的体型代号、范围及所占比例　　　单位：cm

体型分类代号	Y	A	B	C
胸腰差	19~24	14~18	9~13	4~8
比例（%）	14.82	44.13	33.72	6.45

从表 2-4 和表 2-5 中男女各体型所占总量比例可见，A 体型所占总量比例最大，所以本书讲解制板时以 A 体型为主。除了这四种体型，还有特殊体型，国家标准中没有列出，在第九章中，将针对特殊体型的制板进行详细介绍。

国家标准规定服装上必须标明号型，套装中的上、下装分别标明号型。号型的表示方法是号与型之间用斜线分开，后接体型分类代号，如 170/88A、170/74A、160/84C、160/78C。

二、号型系列

我国的服装规格和标准人体的尺寸研究起步较晚，国家统一号型标准是在 1981 年制定的。经过一段时间的使用后，比较系统的国家服装标准于 1991 年发布，其中包含了 5·3 号型系列。到 1997 年，又发布了新的国家号型标准，提出 5·4 和 5·2 号型系列。在新的国家标准中，身高以 5cm 一档分成 7 档，男子身高从 155~185cm，女子身高从 145~175cm，组成号系列；胸、腰围分别以 4cm 和 2cm 分档，组成型系列；身高与胸围、腰围搭配分别组成 5·4 号型和 5·2 号型系列。一般来说，5·4 号型系列和 5·2 号型系列组合使用，5·4 号型系列常用于上装，5·2 号型系列多用于下装；5·3 号型系列既用于上装又用于下装。这样与四种体型分类代号搭配组成八个号型系列，它们是：

$$5\cdot4 \qquad\quad 5\cdot4 \qquad\quad 5\cdot4 \qquad\quad 5\cdot4$$
$$\qquad\quad Y \qquad\qquad A \qquad\qquad B \qquad\qquad C$$
$$5\cdot2 \qquad\quad 5\cdot2 \qquad\quad 5\cdot2 \qquad\quad 5\cdot2$$

$$5\cdot3 \quad Y \quad 5\cdot3 \quad A \quad 5\cdot3 \quad B \quad 5\cdot3 \quad C$$

一般企业都会根据自身的特点，针对销售的不同区域和不同对象，采取灵活多样的尺寸比例搭配，来制订相应的企业标准，企业标准要高于行业标准，而行业标准又高于国家标准。如果一个企业不使用国家标准，就应该使用相应的行业标准或企业标准。总之，服装企业应遵循国家标准的要求进行生产，但杜绝盲目照搬和盲目教条的做法，在实际操作中要掌握主动权，灵活运用。表2－6～表2－9仅列出A体型的号型系列规格表，以供参考。

表2－6　男子5·4/5·2A 号型系列规格表　　　　　单位：cm

胸围＼腰围＼身高	155			160			165			170			175			180			185		
72				56	58	60	56	58	60												
76	60	62	64	60	62	64	60	62	64	60	62	64									
80	64	66	68	64	66	68	64	66	68	64	66	68	64	66	68						
84	68	70	72	68	70	72	68	70	72	68	70	72	68	70	72	68	70	72			
88	72	74	76	72	74	76	72	74	76	72	74	76	72	74	76	72	74	76	72	74	76
92				76	78	80	76	78	80	76	78	80	76	78	80	76	78	80	76	78	80
96							80	82	84	80	82	84	80	82	84	80	82	84	80	82	84
100										84	86	88	84	86	88	84	86	88	84	86	88

表2－7　女子5·4/5·2/A 号型系列规格表　　　　　单位：cm

胸围＼腰围＼身高	145			150			155			160			165			170			175			
72				54	56	58	54	56	58	54	56	58									
76	58	60	62	58	60	62	58	60	62	58	60	62	58	60	62						
80	62	64	66	62	64	66	62	64	66	62	64	66	62	64	66	62	64	66			
84	66	68	70	66	68	70	66	68	70	66	68	70	66	68	70	66	68	70	66	68	70
88	70	72	74	70	72	74	70	72	74	70	72	74	70	72	74	70	72	74	70	72	74
92				74	76	78	74	76	78	74	76	78	74	76	78	74	76	78	74	76	78
96							78	80	82	78	80	82	78	80	82	78	80	82	78	80	82

表2－8　1991年国家标准男子5·3A 号型系列规格表　　　　　单位：cm

胸围＼腰围＼身高	155	160	165	170	175	180	185
72		58	58				
75	61	61	61	61			

续表

胸围＼腰围＼身高	155	160	165	170	175	180	185
78	64	64	64	64			
81	67	67	67	67	67		
84	70	70	70	70	70	70	
87	73	73	73	73	73	73	73
90		76	76	76	76	76	76
93		79	79	79	79	79	79
96			82	82	82	82	82
99				85	85	85	85

表2－9　1991年国家标准女子5·3A号型系列规格表　　　　单位：cm

胸围＼腰围＼身高	145	150	155	160	165	170	175
72	56	56	56	56			
75	59	59	59	59	59		
78	62	62	62	62	62		
81	65	65	65	65	65	65	
84	68	68	68	68	68	68	68
87		71	71	71	71	71	71
90		74	74	74	74	74	74
93			77	77	77	77	77
96				80	80	80	80

三、控制部位

在国家标准中指出人体主要的控制部位是身高、胸围和腰围。控制部位的数值（指人体主要部位的数值，系净体尺寸）是制图时制订服装规格的参考依据。仅有这三个尺寸是不够的，因此，在男子和女子标准中还有颈椎点高、坐姿颈椎点高、全臂长、腰围高、颈围、总肩宽和臀围七个控制部位。这十个控制部位数值基本可以作为制订服装规格的主要参考尺寸，也是服装推板时设置档差时的主要参考依据。表2－10～表2－13为A号型系列控制部位数值表。

表 2-10 男子 5·4/5·2A 号型系列控制部位数值表

单位：cm

部位	数值							
身高	155	160	165	170	175	180	185	
颈椎点高	133	137	141	145	149	153	157	
坐姿颈椎点高	60.5	62.5	64.5	66.5	68.5	70.5	72.5	
全臂长	51.0	52.5	54.0	55.5	57.0	58.5	60.0	
腰围高	93.5	96.5	99.5	102.5	105.5	108.5	111.5	
胸围	72	76	80	84	88	92	96	100
颈围	32.8	33.8	34.8	35.8	36.8	37.8	38.8	39.8
总肩宽	38.8	40.0	41.2	42.2	43.6	44.8	46	47.2

腰围	56	58	58	60	62	64	64	66	68	68	70	72	72	74	76	76	78	78	80	82	82	84	86	88
臀围	75.6	77.2	78.8	78.8	80.4	82.0	82.0	83.6	85.2	85.2	86.8	88.4	88.4	90.0	91.6	91.6	92.8	92.8	94.8	96.4	98.0	98.0	99.6	101.2

表 2-11 女子 5·4/5·2A 号型系列控制部位数值表

单位：cm

部位	数值						
身高	145	150	155	160	165	170	175
颈椎点高	124.0	128.0	132.0	136.0	140.0	144.0	148.0
坐姿颈椎点高	56.5	58.5	60.5	62.5	64.5	66.5	68.5
全臂长	46	47.5	49.0	50.5	52.0	53.5	55.0
腰围高	89.0	92.0	95	98	101	104	107
胸围	72	76	80	84	88	92	96
颈围	31.2	32.0	32.8	33.6	34.4	35.2	36.0
总肩宽	36.4	37.4	38.4	39.4	40.4	41.4	42.4

腰围	54	56	58	58	60	62	62	64	66	66	68	70	70	72	74	74	76	78	78	80	82
臀围	77.4	79.2	81.0	81.0	82.8	84.6	84.6	86.4	88.2	88.2	90.0	91.8	91.8	93.6	95.4	95.4	97.2	99.0	99.0	100.8	102.6

表 2 – 12　1991 年国家标准男子 5·3A 号型系列控制部位数值表　　　　单位：cm

部位	数值								
身高	155		160		165	170	175	180	185
颈椎点高	133.0		137.0		141.0	145.0	149.0	153.0	157.0
坐姿颈椎点高	60.5		62.5		64.5	66.5	68.5	70.5	72.5
全臂长	51.0		52.5		54.0	55.5	57.0	58.5	60.0
腰围高	93.5		96.5		99.5	102.5	105.5	108.5	111.5
胸围	72	75	78	81	84	87	90	93	96	99
颈围	32.85	33.60	34.35	35.10	35.85	36.60	37.35	38.10	38.85	39.60
总肩宽	38.9	39.8	40.7	41.6	42.5	43.4	44.3	45.2	46.1	47.0
腰围	58	61	64	67	70	73	76	79	82	85
臀围	77.2	79.6	82.0	84.4	86.8	89.2	91.6	94.0	96.4	98.8

表 2 – 13　1991 年国家标准女子 5·3A 号型系列控制部位数值表　　　　单位：cm

部位	数值								
身高	155		160		165	170	175	180	185
颈椎点高	124.0		128.0		132.0	136.0	140.0	144.0	148.0
坐姿颈椎点高	56.5		58.5		60.5	62.5	64.5	66.5	68.5
全臂长	46.0		47.5		49.0	50.5	52.0	53.5	55.0
腰围高	89.0		92.0		95.0	98.0	101.0	104.0	107.0
胸围	72	75	78	81	84	87	90	93	96
颈围	31.2	31.8	32.4	33.0	33.6	34.2	34.8	35.4	36.0
总肩宽	36.40	37.15	37.90	38.65	39.40	40.15	40.90	41.65	42.40
腰围	56	59	62	65	68	71	74	77	80
臀围	79.2	81.9	84.6	87.3	90.0	92.7	95.4	98.1	100.8

四、西服套装控制部位及放松量

西服套装成品规格的设置需参考以上控制部位的数值进行加减来完成，表 2 – 14 中列举了控制部位与西服套装相关部位的对应关系。

表 2 – 14　各控制部位与规格之间的对应关系

控制部位	对应规格设置参考
身高	
颈椎点高	上衣衣长
坐姿颈椎点高	上衣衣长
全臂长	袖长

续表

控制部位	对应规格设置参考
腰围高	裤长、裙长
胸围	上衣胸围
颈围	领宽、领深
全肩宽	上衣肩宽
腰围	上衣、下装腰围
臀围	上衣、下装臀围

表2-15为国家标准中传统男女西服套装在人体基本参数的基础上关键部位应加放的松量，由于西服款式更新换代较快，其中有些数据已不适合企业生产，仅供参考，如衣长通常按颈椎点高的一半来计算，企业也可以参考坐姿颈椎点高来调整衣长；袖长的加放量是在全臂长的基础上+3.5cm，企业可根据西服上衣的款式特点与消费者穿着习惯自行调节；裤长中的+2-2是指在腰围高的基础上加上腰宽的2cm（腰头宽按4cm）再减去裤口距脚底的2cm，换句话说，可以直接采用腰围高来计算裤长。企业根据裤子的款型可做适当调整，如低腰裤和高腰裤的裤长就要另行计算。

表2-15　传统男女西服上衣、裤子关键部位的加放量　　　单位：cm

性别 ＼ 加放部位	衣长	胸围	袖长	总肩宽	裤长	裤子腰围	裤子臀围
男	-0.5	+18	+3.5	+1	+2-2	+2	+10
女	-5	+16	+3.5	+1	+2-2	+2	+10

参照控制部位，企业可制订出大部分服装规格表中的尺寸，但并不能满足结构制图的需要，还有一些部位的尺寸需要企业自行设定或者凭比例来计算或者直接注寸。

国家标准中，男性中间体为170/88A，女性中间体为160/84A。人体的高度随着人们生活水平的不断提高也在相应增加。从近两年国内服装市场上的销售情况来看，人体的高度还在继续增高，故有些企业为了适应市场需要，将男、女原型的中间体定为分别定为175/96A、165/84A。

第五节　推板

一、推板方法

企业中常用的推板方法有以下三种。

（1）等分连接法。首先设计出最大号和最小号样板，选择基准点、基准线与放码点，连接大小号各控制部位对应点，按需等分大小号之间的线段，连接各规格型号等分点，得到所需号型的样板。这种方法需要制两个样板，对制板精确度要求较高，步骤烦琐。

（2）剪切加入法。将基准样板在控制部位剪开，按档差移动、连接，得到所需号型样板。少量生产、手工推板可用此种方法，一般企业内使用 CAD 辅助推板系统进行大批量生产，此方法不便操作。

（3）坐标移动法。选择基准点、基准线，选定控制点即放码点，通过档差计算位移，向 X 方向、Y 方向移动，得到新坐标点即新样板的控制点，依次联结各控制点，得到各型号样板。此方法精确，易学易懂，操作方便，故企业中大多采用此种方法进行推板。

二、常用基准线

理论上来讲，结构图中任何的线条都可以作为推板的基准线，但通过大量推板实践得出一些常用的基准线可使推板过程更便捷，且使得放码后的样板准确。表 2 - 16 为常用基准线。

表 2 - 16　常用基准线汇总表

上装	衣身	纵向	前后中心线
		横向	胸围线
	袖子	纵向	袖中线
		横向	袖肥线
	领子	纵向	领角线
		横向	上下领口线
下装	裤子	纵向	前后挺缝线
		横向	横裆线
	裙子	纵向	前后中心线
		横向	臀围线

三、推板原则

（1）推板后样板造型不变，要遵循"形"的统一原则。推板目的是完成同一款式的样板，推出来的新样板与母板是相似关系，在廓形和内部细节上不能发生任何改变。

（2）推板是制板的再现，要实现"量"的变化。推板的本质是多次制板的合并、简化，要在保证同一款式的前提下，反映出新样板与母板的大小关系，其效果要等同于再制板。

（3）当"形"与"量"发生矛盾时，要视情况而定，舍"形"保"量"、舍"量"保"形"的情况都有可能出现，"形"要受"量"约束，"量"要为"形"服务，如何使两者达到和谐统一是服装推板从业者们值得探讨的核心技术之一。推板时必须辩证处理两者之间的关系。

（4）推板要兼顾排料、裁剪。服装号型系列配置方式有以下三种：

①号型同步：155/80A、160/84A、165/88A；

②一号多型：165/80A、165/84A、165/88A；

③多号一型：155/88A、160/88A、165/88A。

企业根据客户的需求要合理设置自己的号型配置方式，所以在推板时也要灵活变化，有时为了裁剪和排料方便，企业推板时会对基准线和档差稍作调整，以方便后续的排料工序和裁剪工序的顺利进行。

第三章　西服裙制板实例

西服裙分为短裙和连衣裙两种。短裙常与衬衫、西服外套搭配穿着，长裙可单独穿着。西服裙均为正式场合穿着，面料多采用薄型纯毛面料、羊毛混纺面料等富有弹性的较挺括的面料。裙长在膝盖线附近，裙摆比较窄，为了步行方便，设计师在裙摆常做开衩设计；为了穿脱方便，又考虑到美观性，在腰侧或者后中安装隐形拉链。本章选取具有变化分割线的几款西装裙进行制板讲解。

第一节　双侧曲线分割西装裙

一、款式及规格

本款西服裙为半身裙，如图 3 - 1 所示。裙身廓型呈 H 型。后片共收四个省道，前片为双侧曲线分割，前腰省融合在曲线分割缝中，两插袋嵌入前侧片上部的横向分割线中。前片分割线下端开两个摆衩。右侧腰缝上端安装隐形拉链，装 3cm 宽的腰头。

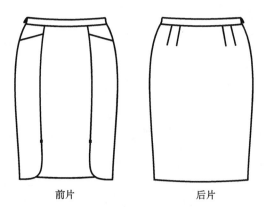

前片　　　　　　　后片

图 3 - 1　双侧曲线分割西装裙款式图

双侧曲线分割西装裙规格见表 3 - 1。

表 3 - 1　双侧曲线分割西装裙规格表　　　　　　单位：cm

部位	155/66A	160/68A	165/70A	档差
裙长（L）	59.5	62	64.5	2.5
腰围（W）	66	68	70	2
臀围（H）	90.4	92	93.6	1.6

续表

部位	155/66A	160/68A	165/70A	档差
腰长	19.5	20	20.5	0.5
腰头宽	3	3	3	0

注 裙长包括3cm腰头宽，腰长指腰围线至臀高点的距离，不包含3cm腰头宽。

二、结构图

结构图如图3-2所示。

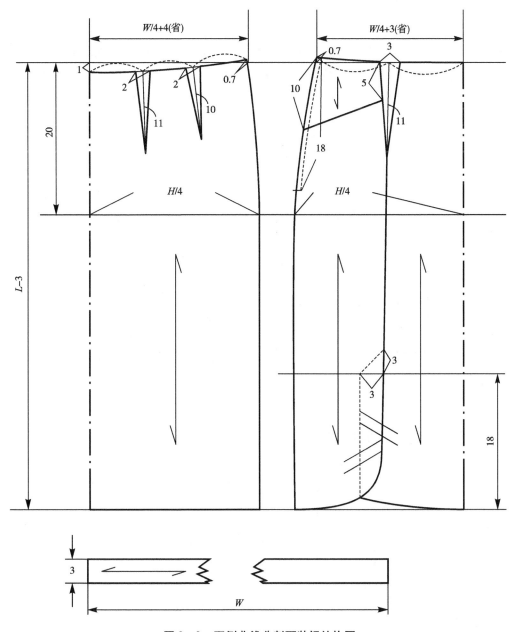

图3-2 双侧曲线分割西装裙结构图

三、制图要点

（1）后片共收四个腰省，设置为 2cm + 2cm，前片共收两个腰省，设置为 3cm。

（2）腰长取 20cm，依据裙长的尺寸可适当减小，腰长在 18～20cm 之间。

（3）前片两个摆衩自底摆线向上量取 18cm 定开衩止点。

（4）前片两插袋袋口嵌在横向分割线中。

第二节　暗裥底摆拼接西装裙

一、款式及规格

本款西服裙为半身裙，如图 3－3 所示。裙身廓型呈 H 型，后片共收四个省道，前片共收两个省。底摆采用拼接方式，拼接片前后各收两个暗裥。右侧腰缝上端安装隐形拉链，装 4cm 宽的腰头。

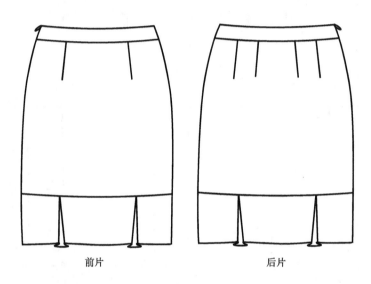

前片　　　　　　　　　　后片

图 3－3　暗裥底摆拼接西装裙款式图

暗裥底摆拼接西装裙规格见表 3－2。

表 3－2　暗裥底摆拼接西装裙规格表　　　　　　　　单位：cm

部位	155/66A	160/68A	165/70A	档差
裙长（L）	57	60	63	3
腰围（W）	66	68	70	2
臀围（H）	88.4	90	91.6	1.6
腰长	18.5	19	19.5	0.5
腰头宽	4	4	4	0

注　裙长包括 4cm 腰头宽，腰长不含 4cm 腰头宽。

二、结构图

结构图如图 3 - 4 所示。

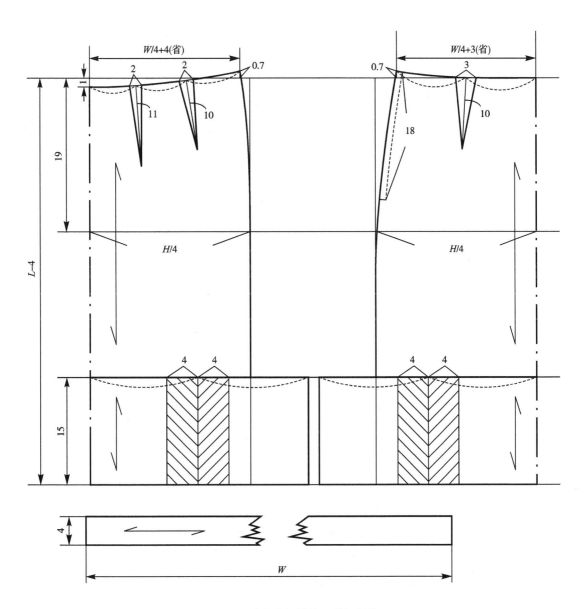

图 3 - 4 暗裥底摆拼接西装裙结构图

三、制图要点

（1）后片共收四个腰省，设置为 2cm + 2cm，前片共收两个腰省，设置为 3cm。

（2）腰长取 19cm，短款可适当减小，长款可适当加大。

（3）底摆拼接片宽度为 15cm。

（4）前后片各收一个 8cm 宽的暗裥。

第三节　不对称分割前开衩西装裙

一、款式及规格

本款西服裙为半身裙，如图3－5所示。裙身廓型呈H型，后片两条直线分割，后腰省融入分割线中，前片共收两个省。前片采用不对称折线分割设计，前中下摆处有开衩，衩偏左。后中缝上端安装隐形拉链，拉链只绱到腰缝。装3cm宽的腰头，腰头有1粒扣。

前片　　　　　　　　　　后片

图3－5　不对称分割前开衩西装裙款式图

不对称分割前开衩西装裙规格见表3－3。

表3－3　不对称分割前开衩西装裙规格表　　　　单位：cm

部位	155/66A	160/68A	165/70A	档差
裙长（L）	57.5	60	62.5	2.5
腰围（W）	66	68	70	2
臀围（H）	82.4	94	95.6	1.6
腰长	17.5	18	18.5	0.5
腰头宽	3	3	3	0

注　裙长、腰长均包括3cm腰头宽。

二、结构图

结构图如图3－6所示。

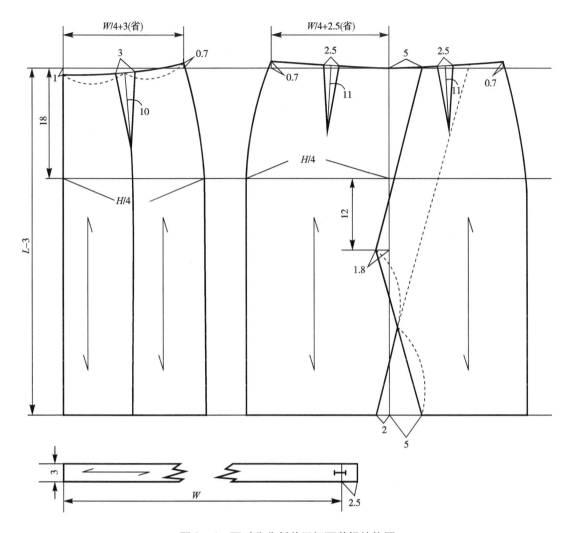

图3-6 不对称分割前开衩西装裙结构图

三、制图要点

（1）后片共收两个腰省融入直线分割缝中，设置为3cm，前片共收两个腰省，设置为2.5cm。

（2）腰长取18cm，长款可适当加大。

（3）前片下摆开衩偏左侧，衩的高度可调整，在裙长1/4之内即可，衩的一边与折线分割平行较美观。

（4）前片折线分割的折角高度可调整，在裙长的1/2之内即可。

第四节 曲线分割腰带拼接正装长裙

一、款式及规格

本款西服裙为连衣裙，如图3-7所示。成衣廓型呈X型，腰部有腰带拼接收紧腰部。搭门采用先搭叠后固定的方式，门襟内可用暗扣固定也可用明缉线将门里襟固定。前衣身采用曲线分割直通底摆，两插袋袋口嵌入腰部分割缝中。腰带可与衣身、裙身拼接，也可另覆在上面做双层腰设计。腰带上下有嵌条装饰。后领有领省，有后中分割线，后领上端安装隐形拉链至臀围线上3cm，后中底摆有开衩。袖子为合体两片式八分袖，袖克夫偏宽由三粒扣装饰固定。

图3-7 曲线分割腰带拼接正装长裙款式图

曲线分割腰带拼接正装长裙规格见表3-4。

表3-4 曲线分割腰带拼接正装长裙规格表 单位：cm

部位	155/80A	160/84A	165/88A	档差
衣长（L）	95	100	105	5
胸围（B）	88	92	96	4
腰围（W）	73	76	80	4
臀围（H）	90	94	98	4
肩宽（S）	37	38	39	1
袖长SL	43.5	45	46.5	1.5
袖克夫宽	8	8	8	0
领围（N）	37	38	39	1
腰长	18~20	18~20	18~20	0
腰带宽	5	5	5	0

二、结构图

衣身结构图如图 3-8 所示，袖子结构图如图 3-9 所示。

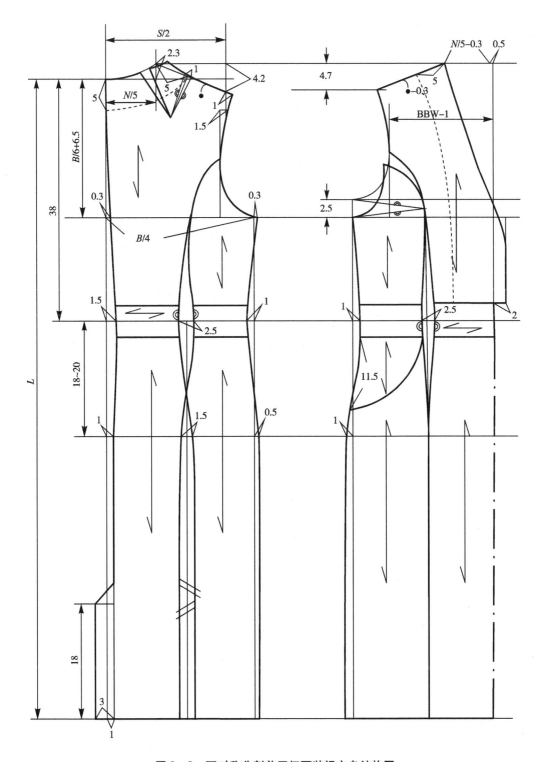

图 3-8　不对称分割前开衩西装裙衣身结构图

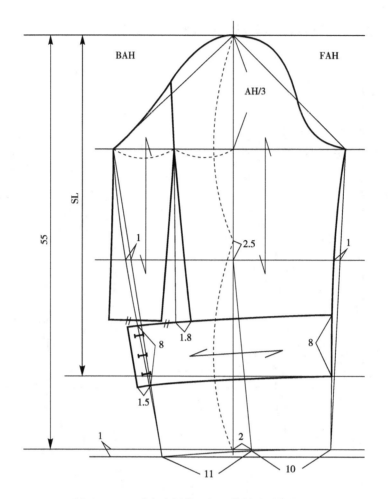

图 3-9　不对称分割前开衩西装裙袖子结构图

三、制图要点

（1）后肩线延长 1cm 作为肩胛省的补正量，后领省由肩胛省转移而得，省尖位置可根据款式图需要在肩胛点附近 2cm 移动。

（2）后中分割线在 BL 处收进 0.3cm，在 WL 处收进 1.5cm，在 HL 处收进 1cm，在 HL 以下竖直通往底摆，后开衩取 18cm。

（3）以后腰围大中点作为参考设计曲线分割线，取后腰省 2.5cm，分割线在 HL 处重叠 1.5cm。

（4）后肩宽收进 1.5cm 确定后背宽 BBW，前胸宽取 BBW−1。

（5）后袖窿底开宽 0.3cm 作为后中消减量的补正，以满足胸围不变。

（6）前中心有 0.5cm 撇胸量，前领宽以撇胸后的基准点进行量取。

（7）前后片胸围线差量 2.5cm，以腋下省形式先画出，设计好曲线分割，以两胸围线中间位置看做近似 BP 点，将腋下省合并，分割线开口打开，前腰省收 2.5cm，在 HL 处合并，画顺前片曲线分割。

（8）腰带以 WL 为基准，上下各 2.5cm。拼接后确定最终腰带长度。

（9）袖长以 55cm 作为基准袖长，取 AH/3 为袖山高绘制合体一片袖后，在袖身先截取 SL，再截取袖克夫宽 8cm，延长 1.5cm 作为袖口搭门。

（10）以后袖肥中点做基准纵向分割为大小袖片。

第五节　领部曲线分割半立领正装长裙

一、款式及规格

本款西服裙为紧身连衣裙，如图 3-10 所示。成衣廓型呈 X 型，前腰部有腰带拼接收紧腰部，底摆略收紧。衣领采用圆领与立领的交叉设计，前片曲线分割与立领连通，插袋与腰部省道、腰带融合在一起，腰带采用斜丝 45° 丝缕方向，腰带可与衣身、裙身拼接，也可覆在衣身上层做双层设计。前中 6 粒扣。后中有分割缝，曲线分割直通底摆。袖子采用合体一片式圆装九分袖。

图 3-10　领部曲线分割半立领正装长裙款式图

领部曲线分割半立领正装长裙规格见表3-5。

表3-5 领部曲线分割半立领正装长裙规格表 单位：cm

部位	155/80A	160/84A	165/88A	档差
衣长（L）	85	90	95	5
胸围（B）	86	90	94	4
腰围（W）	69	73	77	4
臀围（H）	88	92	96	4
肩宽（S）	36	37	38	1
袖长SL	48.5	50	51.5	1.5
领围（N）	38	39	40	1
腰长	18~20	18~20	18~20	0
腰带宽	4	4	4	0
后领高	3.5	3.5	3.5	0

二、结构图

衣身结构图如图3-11所示，袖子结构图如图3-12所示。

三、制图要点

（1）自后颈点向下取袖窿深 $B/6+7$，根据袖子的适体程度可在 $B/6$ 的基础上加 $6~7$ 进行调整，无袖款可取 $B/6+5$，以保证穿着美观。

（2）自后肩点向内收1cm定后背宽线，自前肩点向内收2cm定前胸宽线。

（3）由于前搭门不是封闭的，可在前后侧缝的底摆处各内收0.5cm以保证裙摆收紧。

（4）此款连衣裙属于偏紧身造型，前后胸围线差量定为3cm，以满足上衣的胸凸量。

（5）自前领中点设计曲线分割，将腋下省转移到领胸省，画顺分割线。

（6）插袋袋口嵌入腰部分割缝中，与前腰省连接。

（7）由于本款袖子无肘省，袖中线偏移量定为1.5cm，肘弯量设计为0.8cm，以保证后袖缝能够缩缝后与前袖缝一样长。

（8）按正常立领完成领结构图，在领下口截取相应长度，圆顺领角。

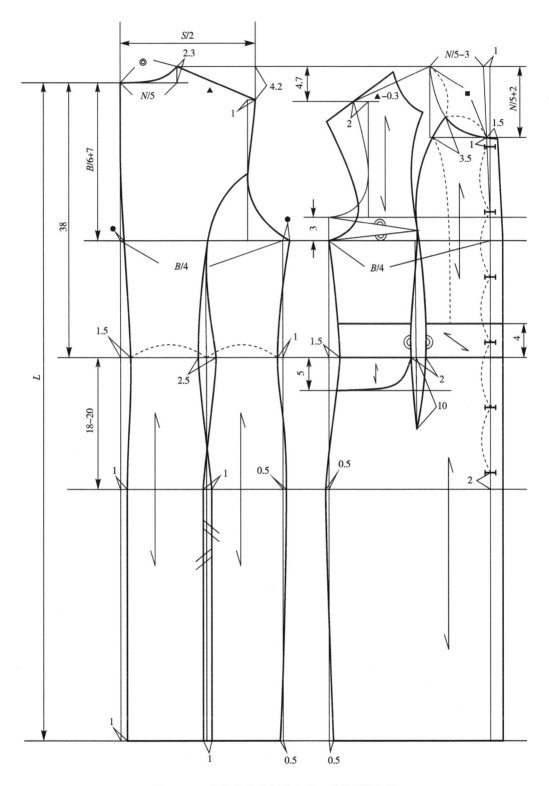

图 3 – 11　领部曲线分割半立领正装长裙结构图

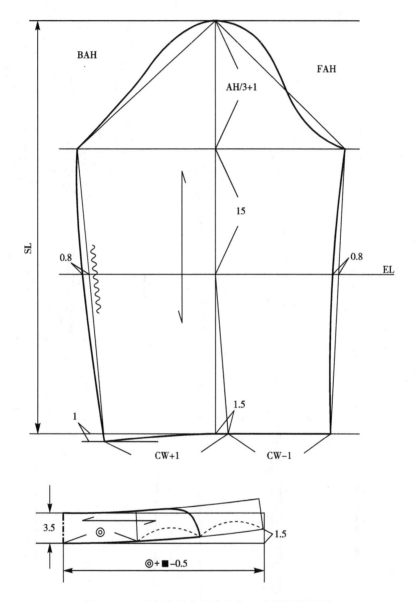

BAH

FAH

AH/3+1

SL

15

0.8

0.8

EL

1

1.5

CW+1

CW-1

3.5

◎+■-0.5

1.5

图 3-12 领部曲线分割半立领正装长裙结构图

第四章　西裤工业制板实例

　　西裤指的是与衬衫、西装上衣搭配穿着的裤子，一般分为直筒裤、锥形裤、喇叭裤三种廓型，有中腰、高腰、低腰之分。前片袋口分直插袋、斜插袋、横插袋、月亮袋等，后袋分单嵌线口袋、双嵌线口袋、加袋盖挖袋等。西裤前片可收褶与省，后片收省，有些弹性较大的面料可无省无褶。前中有搭门设计，女西裤也可设计成隐形拉链。西裤一般为长裤，时尚女西裤也可设计为九分锥形裤。本章节选取几款典型西裤进行制板讲解。

　　本章主要采用比例法制图。男女西裤款式相似，只在省、褶、口袋、脚口等处可做设计。根据裤型的不同，裆宽、裆斜、后裆起翘量会相应调整。

第一节　直插袋中腰直筒女西裤

一、款式及规格

　　本款西裤为基本款女西裤，如图4－1所示。中腰，直筒，前片共收两个省，后片共收四个省，直插袋，左开门，装拉链，腰头由面料与螺纹进行拼接，在前中搭门处锁扣眼、装纽扣。

图4－1　直插袋中腰直筒女西裤款式图

直插袋中腰直筒女西裤规格见表 4 – 1。

表 4 – 1 　直插袋中腰直筒女西裤规格表 　　　　　单位：cm

部位	155/66A	160/68A	165/70A	档差
裤长（L）	98	100	102	2
腰围（W）	68	70	72	2
臀围（H）	90.6	92.4	94.2	1.8
上裆深	24.15	24.5	24.85	0.35
腰头宽	3	3	3	0
脚口（SB）	19.2	19.5	19.8	0.3

注　裤长、上裆深均不含 3cm 腰头宽。

二、结构图

结构图如图 4 – 2 所示。

三、制图要点

（1）后片共收四个腰省，靠近后中的为 2cm，靠近侧缝的为 1.5cm。前片共收两个腰省，设置为 2cm。

（2）前裤片臀围处取 $H/4-1$，腰围对应 $W/4-1+2$（省），后片臀围处取 $H/4+1$，腰围对应 $W/4+1+3.5$（省），这是由于裤片一般讲究后片包前片。

（3）直筒裤在膝围线 KL 处不可外展过大，外展 0.8~1cm 即可。

（4）前后裤脚口差量为 3cm，正常裤脚口差量在 2cm 即可，由于前后裤片在臀围、腰围处有大小片设计，在裤脚口也要相应有大小设计。

（5）大裆宽是自后臀宽线向右量取 $H/10+1$，小裆宽是自前臀宽线向左量取 $H/20-0.5$。

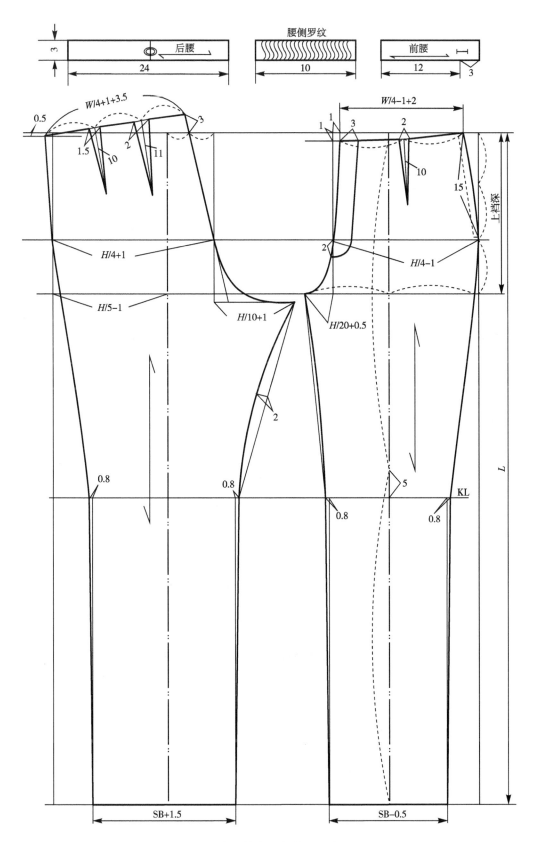

图4-2 直插袋中腰直筒女西裤结构图

第二节 单省道斜插袋锥形女西裤

一、款式及规格

本款西裤为变款女西裤,如图4-3所示。中腰,宽松臀围,锥形裤腿,前后片均共收两个省,后片挖单嵌线口袋,斜插袋,左开门,装拉链,在前中搭门处锁扣眼、装纽扣。

图4-3 单省道斜插袋锥形女西裤款式图

单省道斜插袋锥形女西裤规格见表4-2。

表4-2 单省道斜插袋锥形女西裤规格表 单位:cm

部位	155/66A	160/68A	165/70A	档差
裤长(L)	99	101	103	2
腰围(W)	68	70	72	2
臀围(H)	94.2	96	97.8	1.8
上档深	23.65	24	24.35	0.35
腰头宽	3	3	3	0
脚口(SB)	17.7	18	18.3	0.3

注 裤长、上档深均包含3cm腰头宽。

二、结构图

结构图如图4－4所示。

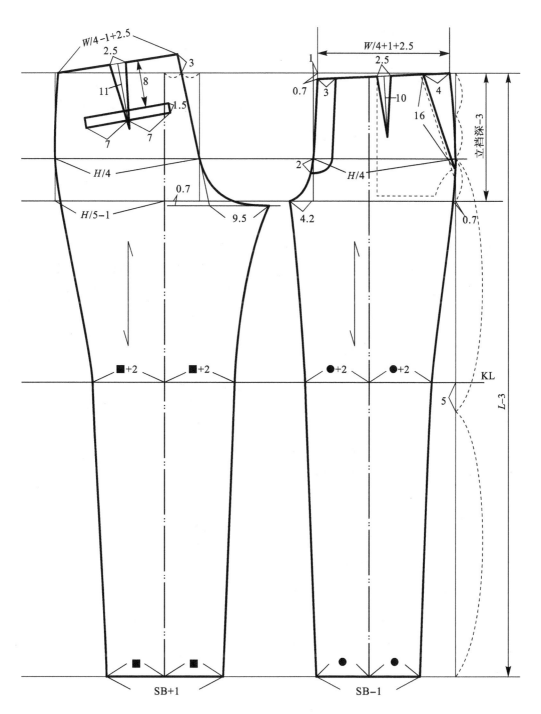

图4－4　单省道斜插袋锥形女西裤结构图

三、制图要点

（1）前后腰省均为 2.5cm，根据款式可适当调整。

（2）为了保证裤侧缝线顺直，前裤片臀围处取 $H/4$，腰围取 $W/4 + 1 + 2.5$（省），后片臀围处取 $H/4$，腰围取 $W/4 - 1 + 2.5$（省）。

（3）锥形裤在膝围线 KL 处应外展，外展 2~2.5cm 即可。

（4）前后裤脚口差量为 2~3cm。

（5）前后裆宽采用定数法直接绘制。大裆宽是自后臀宽线向右量取 9.5~10cm，小裆宽是自前臀宽线向左量取 4.2~4.8cm。由于此款锥形裤臀围较大，故裆宽均取最小值即可。

（6）由于臀围较宽松，后裆起翘量可适当调小，取 2.5~3cm 均可。

第三节　宽腰后育克紧身女西裤

一、款式及规格

本款西裤为变款女西裤，如图 4-5 所示。宽腰头，紧臀围，直筒裤腿，前后片均无省无裥，后片有育克拼接，育克采用横纱向，前片采用折线分割横插袋，右开门，装拉链，在前中搭门处锁两个扣眼，装两粒纽扣。

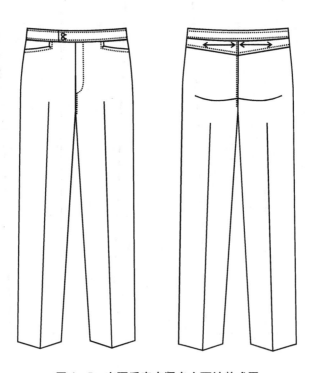

图 4-5　宽腰后育克紧身女西裤款式图

宽腰后育克紧身女西裤规格见表4－3。

表4－3 宽腰后育克紧身女西裤规格表 单位：cm

部位	155/66A	160/68A	165/70A	档差
裤长（L）	100	102	104	2
腰围（W）	68	70	72	2
臀围（H）	88.2	90	91.8	1.8
上裆深	23.64	24	24.35	0.35
腰头宽	4.5	4.5	4.5	0
脚口（SB）	18.7	19	19.3	0.3

注 裤长、上裆深均包含4.5cm腰头宽。

二、结构图

结构图如图4－6所示。

三、制图要点

（1）后裤片按有后腰省2.5cm绘制，完成后合并后腰省，得后育克、后腰头。

（2）前后裆宽采用比例法绘制。大裆宽是自后裆斜线与裆底线交点向右量取$H/10$，小裆宽是自前臀宽线向左量取$H/20$。由于此款紧身裤臀围松量较小，故裆宽可适当加大，以保证裆部的舒适性。

（3）由于是紧身款女西裤，后裆起翘量可适当加大，取$3\sim3.5$cm即可。裆斜也可增加斜度。

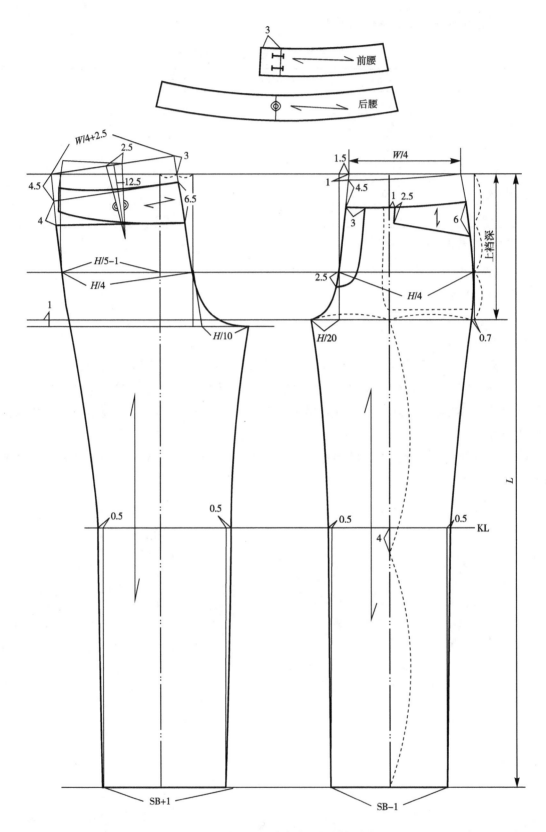

图 4-6 宽腰后育克紧身女西裤结构图

第四节　单裆双省斜插袋男西裤

一、款式及规格

本款男西裤为直筒男西裤，如图4-7所示。前片共收两个裥，后片共收四个省，省长不超过后袋盖，后袋盖上锁扣眼，后袋钉一粒扣。侧缝斜插袋。裤腿为直筒。前中右开门，装拉链，搭门处装暗钩。

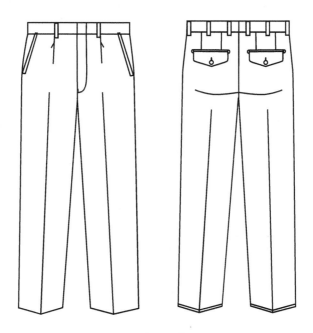

图4-7　单裥双省斜插袋男西裤款式图

单裥双省斜插袋男西裤规格见表4-4。

表4-4　单裥双省斜插袋男西裤规格表　　　　　　　　　单位：cm

部位	165/72A	170/74A	175/76A	档差
裤长（L）	108	110	112	2
腰围（W）	74	76	78	2
臀围（H）	102	104	106	2
上裆深	28.7	29	29.3	0.3
腰头宽	3.5	3.5	3.5	0
脚口（SB）	24.6	25	25.4	0.4

注　裤长、上裆深均包含3.5cm腰头宽。

二、结构图

结构图如图4-8所示。

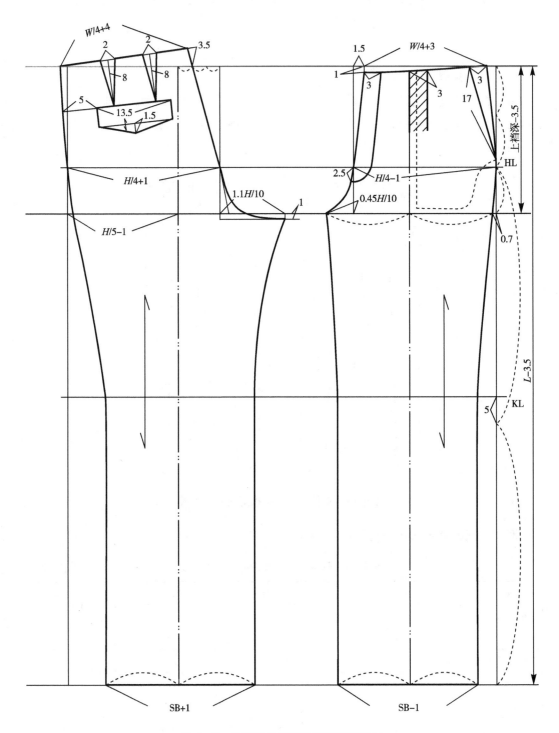

图4-8　单裥双省斜插袋男西裤结构图

三、制图要点

（1）为保证裤侧缝顺直，前臀宽取 $H/4-1$，前腰围取 $W/4+3$（裥），后臀宽取 $H/4+1$，后腰围取 $W/4+4$（省）。

（2）前后裆宽采用比例法绘制。大裆宽是自后裆宽线向右量取 $1.1H/10$，小裆宽是自前臀宽线向左量取 $0.45H/10$。

（3）后腰省长短可适当调整，只要不超过后兜袋盖即可，将省隐藏在袋盖下。

（4）由于此款西裤为直筒裤，在 KL 处不用外展。

（5）后裆斜可适当调整，以满足后裆的困势。

第五节　双裥双省宽松男西裤

一、款式及规格

本款男西裤为宽松款男西裤，臀围放松量略大，如图 4-9 所示。前片共收四个裥，后片共收四个省，其中一个后省长超过后袋，后袋为双嵌线口袋，后袋锁扣眼。侧缝斜插袋。裤腿略收。前中右开门，装拉链，搭门处装纽扣，锁扣眼。

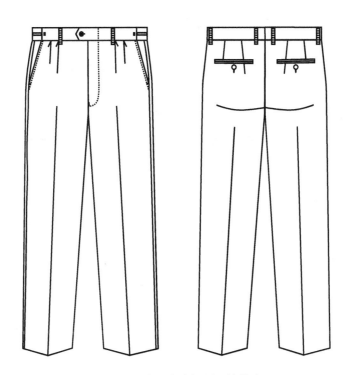

图 4-9　双裥双省宽松男西裤款式图

双裥双省宽松男西裤规格见表 4 - 5。

表 4 - 5　双裥双省宽松男西裤规格表　　　　　　　单位：cm

部位	165/72A	170/74A	175/76A	档差
裤长（L）	103	105	107	2
腰围（W）	74	76	78	2
臀围（H）	106	108	110	2
上裆深	28.7	29	29.3	0.3
腰头宽	3.5	3.5	3.5	0
脚口（SB）	22.6	23	23.4	0.4

注　裤长、上裆深均包含 3.5cm 腰头宽。

二、结构图

结构图如图 4 - 10 所示。

三、制图要点

（1）由于臀围放松量较大，裤型属于宽松裤型。前臀宽取 $H/4$，前腰围可相应取 $W/4 + 5.5$（裥），后臀宽取 $H/4$，后腰围可相应取 $W/4 + 5.5$（省）。

（2）前后裆宽采用比例法绘制。大裆宽是自后裆宽线向右量取 $3H/25$，小裆宽是自前臀宽线向左量取 $H/25$。

（3）后腰省靠近侧缝的省长取 $11 \sim 13cm$，根据款式图可适当调整，靠近后中的省长为 8cm，由此来确定后袋的位置。

（4）由于此款西裤为锥形男西裤，前后脚口差量为 $3 \sim 4cm$，需在 KL 处外展 1cm。

（5）由于此款为宽松西裤，后裆斜起翘量为 $2.5 \sim 3cm$。随着臀围松量的加大，后裆起翘量可适当减小。

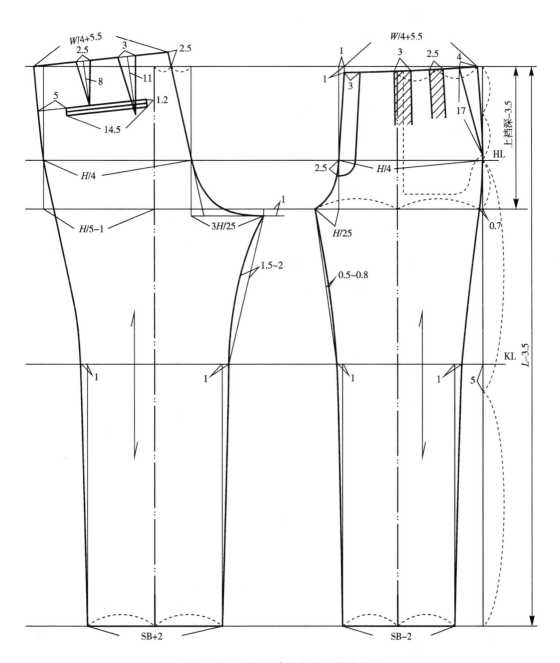

图4-10 双裥双省宽松男西裤结构图

第六节　单裥单省修身男西裤

一、款式及规格

本款男西裤为修身款男西裤，如图4-11所示。本款西裤裆深略浅，臀围放松量略小，裤侧缝线前移，视觉上呈现后包前。前片共收两个裥，后片共收两个省，后省长不可超过后袋，后袋为双嵌线口袋，后袋锁扣眼。侧缝斜插袋。裤腿略收。前中右开门，装拉链，搭门处装纽扣，锁扣眼。

图4-11　单裥单省修身男西裤款式图

单裥单省修身男西裤规格见表4-6。

表4-6　单裥单省修身男西裤规格表　　　　　　　单位：cm

部位	165/72A	170/74A	175/76A	档差
裤长（L）	104	106	108	2
腰围（W）	74	76	78	2
臀围（H）	98	100	102	2
上裆深	25.2	25.5	25.8	0.3
腰头宽	3.5	3.5	3.5	0
脚口（SB）	20.6	21	21.4	0.4

注　裤长、上裆深均包含3.5cm腰头宽。

二、结构图

结构图如图4-12所示。

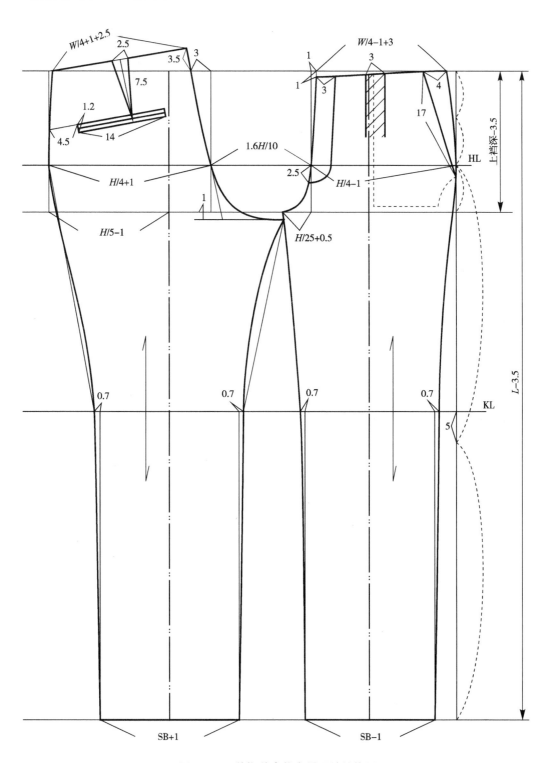

图4-12 单裆单省修身男西裤结构图

三、制图要点

（1）由于臀围放松量较小，上裆较浅，裤型属于修身裤型，侧缝线前移，故前臀宽取 $H/4 - 1$，前腰围相应取 $W/4 - 1 + 3$（褶）；后臀宽取 $H/4 + 1$，后腰围可相应取 $W/4 + 1 + 2.5$（省）。

（2）裆宽采用比例法绘制。总裆宽取 $1.6H/10$，小裆宽是自前臀宽线向左量取 $H/25 + 0.5$，剩余则为大裆宽。

（3）后腰省省长为 7.5cm，由此来确定后袋的位置。

（4）由于此款西裤为修身男西裤，前后脚口差量为 2cm，需在 KL 处外展 0.7～1cm。

（5）由于此款为修身西裤，后裆斜起翘量为 3～3.5cm。随着臀围松量的减小，后裆起翘量可适当增大。

第五章 衬衫制板实例

衬衫是适合正式场合穿着的一种可内穿也可外穿的上衣。随着服装款式的流行，衬衫式样也不断地翻新，几乎每年都有较新颖的款式问世。女衬衫款式变化较大。女衬衫从整体造型上看，依据胸围放松量大小差异，可以分为紧身型、适体型和宽松型。适体型女衬衫一般胸围放松量取 8~12cm，紧身女衬衫的胸围放松量在 4~6cm，其很受青年女性的青睐。宽松型女衬衫放松量较大，可作为外套穿着。除了在放松量上可以体现款式变化之外，女衬衫还可以表现为衣身的变化（即衣身上横向、竖向分割）；衣领的款式变化（结构上的关领、立领、塌领；造型上可大可小，可宽可窄等）；袖子造型的变化（长度上的长袖、中袖、短袖；造型上袖山偏高的瘦体袖和袖山较平的胖体袖）。

男式衬衫款式变化较女衬衫略小，衬衫胸围放松量较大，一般为 20~22cm，如果作为西装配套衬衣，胸围放松量可略小一些。

第一节 尖领刀背缝女衬衫

一、款式及规格

本款衬衫为基本款女衬衫，如图 5-1 所示。领型为小尖领，领口开得较深，前门襟为贴门襟，门襟七粒扣；袖窿收刀背缝，略吸腰；长袖，袖口有一个褶裥，装宽袖头；有过肩，底摆有弧势。

图 5-1 尖领刀背缝女衬衫款式图

尖领刀背缝女衬衫规格见表 5 – 1。

表 5 – 1　尖领刀背缝女衬衫规格表　　　　　　　　单位：cm

部位	155/80A	160/84A	165/88A	档差
衣长（L）	56	58	60	2
胸围（B）	88	92	96	4
腰围（W）	70	74	78	4
臀围（H）	92	96	100	4
颈围（N）	37	38	39	1
肩宽（S）	38	39	40	1
袖长 SL	51.5	53	54.5	1.5

二、结构图

结构图如图 5 – 2 所示。

三、制图要点

（1）采用比例法制图。后背宽 $1.5B/10 + 4$，前胸宽 $1.5B/10 + 3$，袖窿深 $B/6 + 7$，后落肩为 $B/20 - 0.5$，前落肩为 $B/20$，后领宽为 $N/5$。

（2）前袖窿 1/3 处做刀背缝，收省 2.5cm，故前袖窿低点下落 2.5cm，将袖窿省转移至刀背缝处，腰节处收 2cm，画顺前后刀背缝。

（3）前片做 3cm 过肩，底摆侧缝上抬并画圆顺，具体情况视款式图而定。

（4）袖子做偏袖设计，袖山高 $B/10 + 5$，袖头较宽，袖衩 10cm，袖片设计一个褶裥，褶裥宽为 2.5cm，袖口装三粒扣。

（5）领子可按照袖子可按图 5 – 10 来绘制，具体情况视款式图而定。

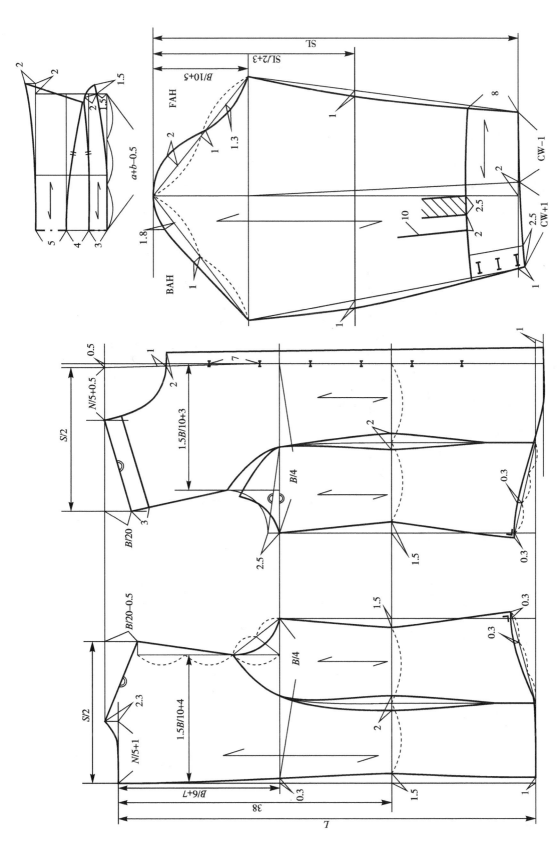

图5-2 尖领刀背缝女衬衫结构图

第二节 小立领横向分割女衬衫

一、款式及规格

本款衬衫为前、后片做直线分割的女衬衫，如图 5 - 3 所示。领型为小立领，前门襟做两侧花边装饰，前胸部做横向分割，前、后片各收两个通底摆的腰省，前片收腋下省，略吸腰，门襟 7 粒扣；长袖，袖口有一个褶裥，装袖头，宝剑头袖衩；前片有过肩，底摆有弧势。

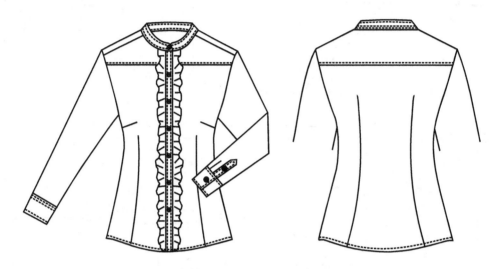

图 5 - 3　小立领横向分割女衬衫款式图

小立领横向分割女衬衫规格见表 5 - 2。

表 5 - 2　小立领横向分割女衬衫规格表　　　　　单位：cm

部位	155/80A	160/84A	165/88A	档差
衣长（L）	52	54	56	2
胸围（B）	86	90	94	4
腰围（W）	73	77	81	4
颈围（N）	36	37	38	1
肩宽（S）	37	38	39	1
袖长 SL	51.5	53	54.5	1.5
袖口 CW	25.6	26	26.4	0.4

二、结构图

结构图如图 5 - 4 所示。

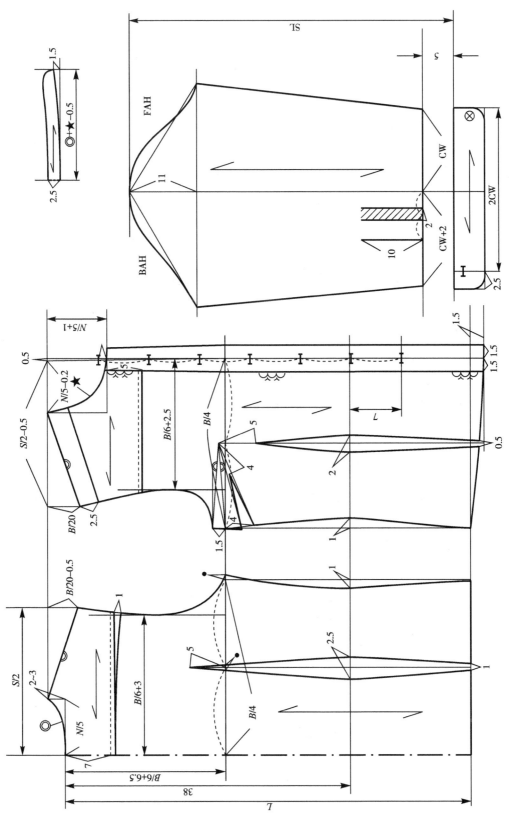

图5-4 小立领横向分割女衬衫结构图

三、制图要点

（1）采用比例法制图。后背宽 $B/6 + 3$，前胸宽 $B/6 + 2.5$，袖窿深 $B/6 + 6.5$，后落肩为 $B/20 - 0.5$，前落肩为 $B/20$，后领宽为 $N/5$。

（2）前片侧缝收 1.5cm 腋下省，故前袖窿低点上抬 1.5cm，前片腰省大 2cm，底摆处收 0.5cm，后片腰节收省大 2.5cm，底摆处收 1cm，以满足衬衫的适体性。

（3）前后片做横向分割，后片分割处收进 1cm，并缉明线。前片 2.5cm 过肩宽，前门襟做 3cm 宽，并做装饰花边设计。

（4）袖子较宽松，袖山高为 11cm，袖口左右各收一个褶裥，褶裥大 2cm，袖口钉一粒扣。

（5）领子为立领，领高 2.5cm，根据前后领弧大画顺领子。

第三节　弧形分割系带领女衬衫

一、款式及规格

本款衬衫为前片做弧形分割的女衬衫，如图 5 - 5 所示。领型为小尖领，并以系带做装饰，前胸部做弧形分割线，前后片左右各收一个腰省，略吸腰，门襟七粒扣；长袖，袖口有一个褶裥，装袖头；前片有过肩，底摆有弧势。

图 5 - 5　弧形分割系带领女衬衫款式图

弧形分割系带领女衬衫规格见表 5 – 3。

表 5 – 3　弧形分割系带领女衬衫规格表　　　　　　　　　单位：cm

部位	155/80A	160/84A	165/88A	档差
衣长（L）	56	58	60	2
胸围（B）	90	94	98	4
腰围（W）	78	82	86	4
颈围（N）	37	38	39	1
肩宽（S）	38	39	40	1
袖长 SL	50.5	52	53.5	1.5

二、结构图

结构图如图 5 – 6 所示。

三、制图要点

（1）采用比例法制图，先绘制后衣片再绘制前衣片。前门襟做 0.5cm 的撇胸以保证服装的合体性，前胸宽 $1.5B/10 + 3$，后背宽 $1.5B/10 + 4$，前后胸围大均为 $B/4$。

（2）前片过肩宽 2.5cm，胸围线上取前胸围大的中点做前弧势线分割，分割缝里收 2cm 省道，故前袖窿底点下落 2cm，将省量转移至前肩部弧线中。

（3）前后片在腰节处各收 2cm 省道，以收紧腰部；底摆侧缝处上抬，根据款式设计弧势线。单粒扣眼位可定于腰节线下 7cm，具体情况视款式图而定。

（4）袖子采用一片袖结构，袖山高 12cm，左右袖各收 2cm 褶裥；袖克夫做圆角，钉两粒扣。

（5）领子为翻折领，低领宽 3cm，翻领宽 5cm；根据前后领弧大画领长，根据款式设计领子造型。

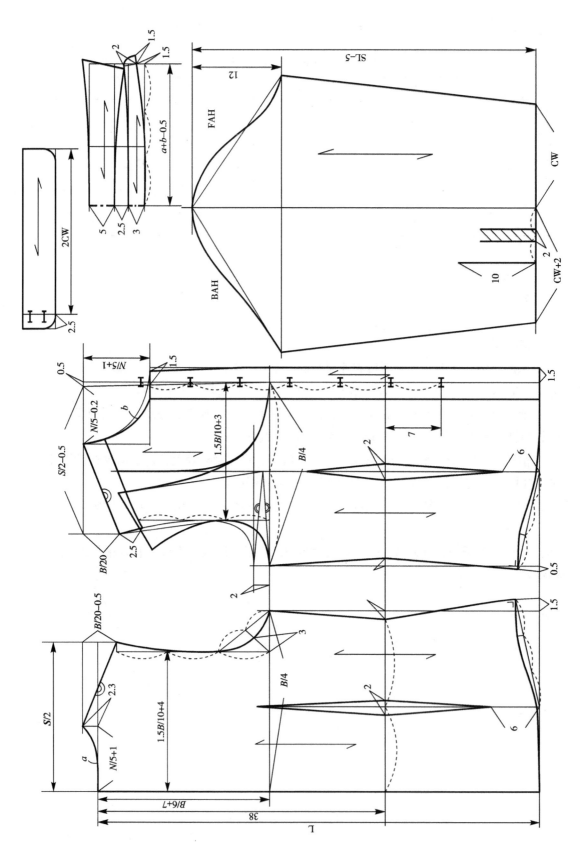

图5-6 弧形分割系带领女衬衫结构图

第四节 V领短袖收腰女衬衫

一、款式及规格

本款为 V 领短袖女衬衫，如图 5-7 所示。领型为小尖领，并在领口做 V 字型设计，左右前片均收袖窿省和腰省，后片共收两个腰省，略吸腰，门襟装五粒扣；短袖，前片有过肩，底摆有弧势。

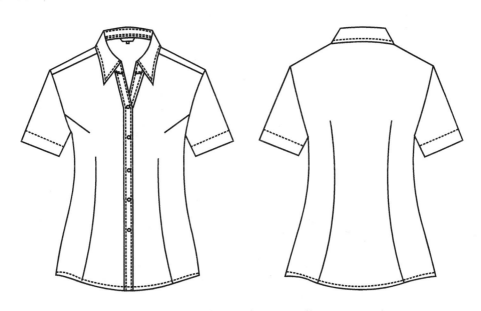

图 5-7 V领短袖收腰女衬衫款式图

V 领短袖收腰女衬衫规格见表 5-4。

表 5-4 V领短袖收腰女衬衫规格表 单位：cm

部位	155/80A	160/84A	165/88A	档差
衣长（L）	54.5	56.5	58.5	2
胸围（B）	86	90	94	4
腰围（W）	72	76	80	4
颈围（N）	36.5	37.5	38.5	1
肩宽（S）	37	38	39	1
袖长 SL	22.5	24	25.5	1.5

二、结构图

结构图如图 5-8 所示。

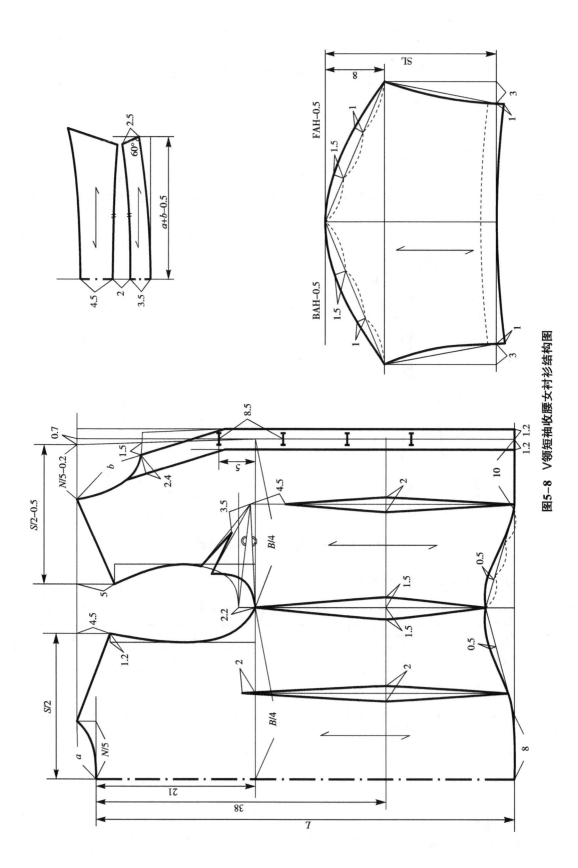

图5-8 V领短袖收腰女衬衫结构图

三、制图要点

（1）采用比例法制图，先绘制后衣片再绘制前衣片，常规部位取定值；袖窿深为21cm，腰节高38cm；前肩下落量为5cm，后肩下落4.5cm。

（2）前后各取胸围 $B/4$，前后片在腰节处均收2cm腰省，同时侧缝处收1.5cm，以达到衣身收腰的目的；前袖窿处收2.2cm省，省尖距BP点3.5cm，故前袖窿底点上抬2.2cm。

（3）前门襟做V字型设计，V字型深浅根据款式而定，门襟宽2.4cm，前门襟设计五粒扣，纽扣子间距为8.5cm。

（4）袖子采用一片袖结构，袖山高8cm，左右袖缝处收弧势；袖口线呈直线形，袖底缝略带弧形，以保证袖口线与袖底线接近90°。

（5）领子为翻折领，低领宽3.5cm，翻领宽4.5cm；根据前后领弧尺寸画领长，根据款式设计领子造型。

第五节　仿男式休闲女衬衫

一、款式及规格

本款为仿男式休闲女衬衫，如图5-9所示。领型为翻折领，左前胸圆角贴袋，前门襟七粒扣，圆弧底摆。前后有过肩缉明线。前后衣片共各收两腰省；长袖，装中圆角袖头，宝剑头袖衩，袖窿包缝缉明线；前后过肩、袖窿、侧缝均缉明线。

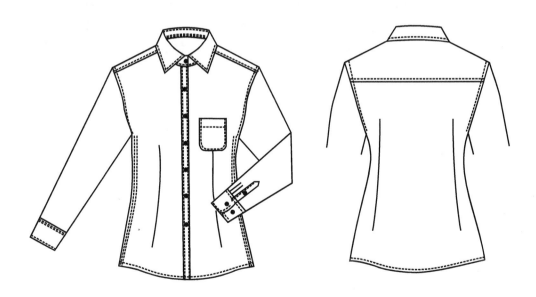

图5-9　仿男式休闲女衬衫款式图

仿男式休闲女衬衫规格见表 5 – 5。

表 5 – 5　仿男式休闲女衬衫规格表　　　　　　　　　单位：cm

部位	155/80A	160/84A	165/88A	档差
衣长（L）	55	57	59	2
胸围（B）	88	92	96	4
颈围（N）	38	39	40	1
肩宽（S）	38	39	40	1
袖长 SL	50.5	52	53.5	1.5

二、结构图

结构图如图 5 – 10 所示。

三、制图要点

（1）采用比例法制图，先绘制前衣片再绘制后衣片，前肩下落量为 $B/20 - 1$，肩下落为 $B/20 - 2.5$，从上平线取 $B/10 + 12$，前后胸围大各取 $B/4$。

（2）前片做 2.5cm 过肩，后片分割缝处收 1cm，以满足肩胛骨弧势。从后领中心点以背长定腰节线，前后片在腰节处均收 2cm 腰省，同时侧缝处收 2cm，以达到衣身收腰的目的。

（3）从胸围线进 3cm，胸围线提高 4cm 为袋口位，袋口大 $B/10 + 0.5$，袋长为袋口大 + 1cm，口袋底做圆角设计。

（4）此款式袖窿为包缝缉明线，袖山与袖窿装配时没有吃势，如果袖窿用暗缝，衣片的袖窿不能开得太深，袖山高可略高一些，袖山弧线略长一些，装配袖子时有少量吃势。

（5）领子参照男式衬衫单独制图，低领宽 3.2cm，翻领宽 4.1cm；根据 $N/2$ 做领长，根据款式设计领子造型。

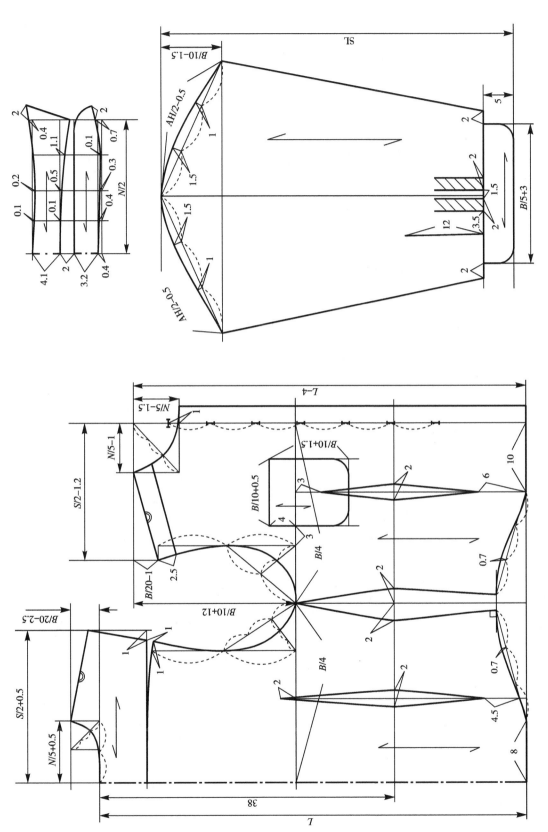

图5-10　仿男式休闲女衬衫结构图

第六节　公主线短袖女衬衫

一、款式及规格

本款为公主线短袖女衬衫，如图 5-11 所示。领型为翻折领，领尖做 V 型设计，前门襟七粒扣，圆弧底摆。前有过肩。前后衣片肩部各收一条公主线；短袖，袖口做外翻设计，缉明线。

图 5-11　公主线短袖女衬衫款式图

公主线短袖女衬衫规格见表 5-6。

表 5-6　公主线短袖女衬衫规格表 单位：cm

部位	155/80A	160/84A	165/88A	档差
衣长（L）	53	55	57	2
胸围（B）	88	92	96	4
颈围（N）	34.5	35.5	36.5	1
肩宽（S）	38	39	40	1
袖长 SL	20.5	22	23.5	1.5

二、结构图

结构图如图 5-12 所示。

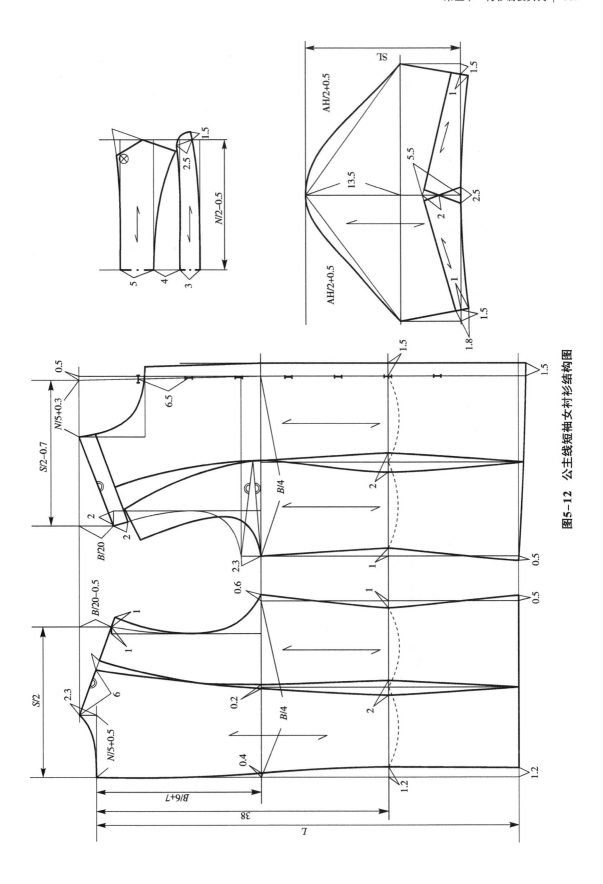

图5-12 公主线短袖女衬衫结构图

三、制图要点

（1）采用比例法制图，先绘制后衣片再绘制前衣片，袖窿深线取 $B/6+7$，腰节线取定值 38cm，后肩下落量为 $B/20-0.5$，前后胸围大 $B/4$。

（2）后片收公主线，将肩胛省转移至公主线中，腰节处收 2cm 省道，画顺后片公主线，前片将胸凸量转移至肩部公主线中，故需将前袖窿底点下落，前片公主线在腰节处收 2cm 省大。

（3）前片 2cm 过肩与后肩部相连，后中缝开缝收腰，胸围收 0.4cm，腰节收 1.2cm，底摆收 1.2cm。

（4）此款为短袖，外翻袖口，袖窿用暗缝，故衣片的袖窿不能开得太深，袖山高可略高一些取定值 13.5cm，袖山弧线略长一些，装配袖子时有少量吃势，袖口做外翻设计。

（5）领子参照普通款女衬衫单独制图，底领宽 3cm，翻领宽 5cm；根据 $N/2-0.5$ 做领长，根据款式设计领口 V 字造型。

第七节　刀背缝短袖女衬衫

一、款式及规格

本款为刀背缝短袖女衬衫，如图 5-13 所示。领型为翻折小尖领，前门襟钉八粒扣，圆弧底摆。前有过肩。前后衣片袖窿各收一条刀背缝，衣身略吸腰；短袖，袖口做外翻设计，缉明线。

图 5-13　刀背缝短袖女衬衫款式图

刀背缝短袖女衬衫规格见表5-7。

表5-7 刀背缝短袖女衬衫规格表 单位：cm

部位	155/80A	160/84A	165/88A	档差
衣长（L）	54	56	58	2
胸围（B）	90	94	98	4
颈围（N）	35	36	37	1
肩宽（S）	38	39	40	1
袖长 SL	21.5	23	24.5	1.5

二、结构图

结构图如图5-14所示。

三、制图要点

（1）采用比例法制图，先绘制后衣片再绘制前衣片，腰节线取背长，前肩下落量为$B/20$，后肩下落量为$B/20-0.5$，前后胸围为$B/4$，前胸宽$1.5B/10+3$，后背宽$1.5B/10+4$。

（2）后片在袖窿弧2/3处收刀背缝，腰节处收2cm省大，画顺后片刀背缝，前片也在袖窿弧2/3处收刀背缝，故需将前袖窿底点上抬2.5cm，前片刀背缝在腰节处收2cm省道。

（3）后中缝开缝收腰，胸围收0.3cm，腰节收1.5cm，底摆收1cm。

（4）此款为短袖，外翻袖口，袖山高取$B/10-1.5$，袖山弧线略长一些，装配袖子时有少量吃势，袖口做外翻设计。

（5）领子参照普通款女衬衫单独制图，底领宽3cm，翻领宽5cm；根据前后领圈弧做领长，绘制翻折领造型。

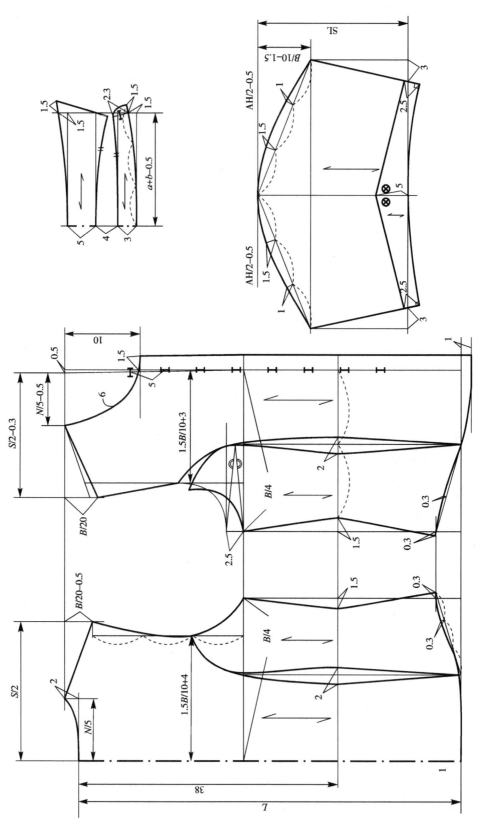

图5-14 刀背缝短袖女衬衫结构图

第八节　后背双褶男衬衫

一、款式及规格

本款衬衫为基本款男衬衫，如图 5 – 15 所示。长袖男衬衫，方角尖领，左前胸口袋位圆角贴袋，前门襟钉七粒扣，底摆为曲线底摆。有过肩缉明线。后片共收两个褶裥，装中圆角袖头，袖窿包缝缉明线；面料以薄型为主，如棉布类、富春纺等。

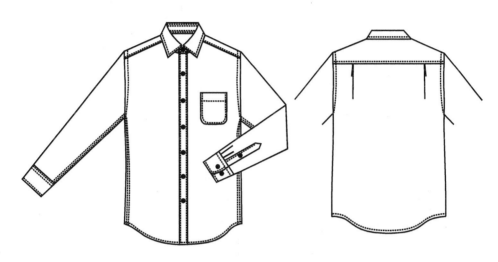

图 5 – 15　后背双褶男衬衫款式图

后背双褶男衬衫规格见表 5 – 8。

表 5 – 8　后背双褶男衬衫规格表　　　　　　　　　单位：cm

部位	165/88A	170/92A	175/96A	档差
衣长（L）	70	72	74	2
胸围（B）	106	110	114	4
颈围（N）	38	39	40	1
肩宽（S）	44.8	46	47.2	1.2
袖长 SL	57	58.5	60	1.5

二、结构图

结构图如图 5 – 16 所示。

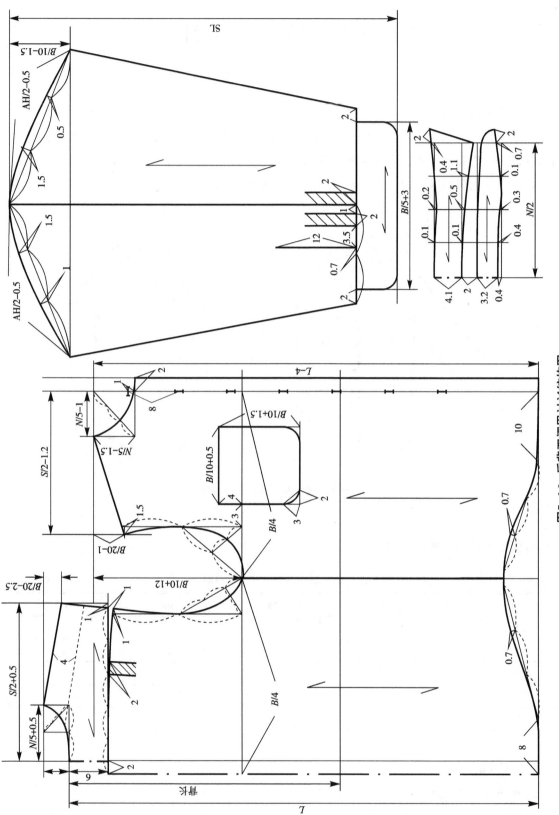

图5-16 后背双褶男衬衫结构图

三、制图要点

（1）止口线（搭门宽线），取 2cm，从叠门线向左画，前领宽取 $N/5-1$，由上平线往下画 $N/5-1.5$ 为前领深。

（2）落肩线。前落肩取 $B/20-1$，由上平线往下取 $B/10+12$ 为胸围线。胸围线上取前胸围大 $B/4$，前肩宽取 $S/2-1.2$。

（3）胸袋。由胸围线进 3cm，胸围线提高 4cm 为袋口位，袋口大 $B/10+0.5$，袋长为袋口大 +1cm，口袋底为圆角。

（4）后落肩取 $B/20-2.5$，后领口宽取 $N/5+0.5$，后肩宽取 $S/2+0.5$，与肩颈点相连为肩斜线，再与过肩下端劈进 1cm 相连。

（5）袖山高取 $B/10-1.5$，袖头宽取 $B/5+3$，袖口褶裥大为 2cm，袖口有两个褶裥，袖衩高为 12cm。

第九节　尖领短袖男衬衫

一、款式及规格

本款为尖领短袖男衬衫，如图 5－17 所示。尖领短袖男衬衫，左前胸有一只尖角口袋，前门襟钉七粒扣，圆弧底摆。短袖有过肩；领口、过肩、侧缝、袖窿缉明线。

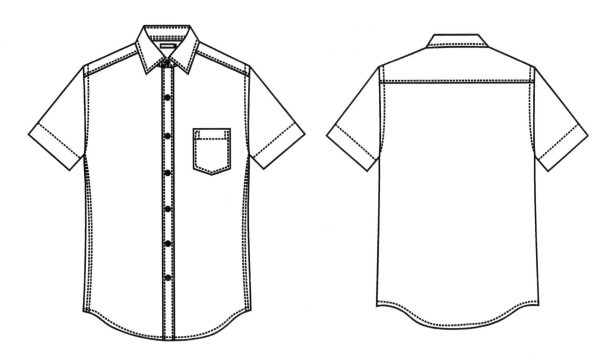

图 5－17　尖领短袖男衬衫款式图

尖领短袖男衬衫规格见表 5 - 9。

表 5 - 9　尖领短袖男衬衫规格表　　　　　　单位：cm

部位	165/88A	170/92A	175/96A	档差
衣长（L）	70	72	74	2
胸围（B）	106	110	114	4
颈围（N）	38	39	40	1
肩宽（S）	44.8	46	47.2	1.2
袖长 SL	22.5	24	25.5	1.5
袖口 CW	19.6	20	20.4	0.4

二、结构图

结构图如图 5 - 18 所示。

三、制图要点

（1）止口线（搭门宽线），取 2cm，从叠门线向左画，前领宽取 $N/5 - 1$，由上平线往下画 $N/5 - 1$ 为前领深。

（2）落肩线。前落肩取 $B/20 - 1$，由落肩线往下取 $B/10 + 9$ 为胸围线。胸围线上取前胸围大 $B/4$，从叠门线起取前肩宽 $S/2 - 0.7$。

（3）前胸宽。胸围线上取前胸宽 $1.5B/10 + 3$，前胸围大为 $B/4$，由胸围线进 3cm，胸围线提高 4cm 为袋口位，袋口为 11.5cm，袋长为 13cm，袋底中间低下 1.5cm。

（4）后领口宽取 $N/5 + 0.5$，后肩宽取 $S/2$，与肩颈点相连为肩斜线，再与过肩下端劈进 1cm 相连，胸围线上取后背宽 $1.5B/10 + 4$，后胸围大为 $B/4$。腰侧前后合收 2cm，底摆根据款式需要做圆顺。

（5）袖山高取 $B/10 - 1.5$，袖头宽取 24cm，前后袖斜线长取 $AH/2 - 0.5$，画顺袖山弧线，袖口线呈直线形，袖底缝略带弧形，以保证袖口线与袖底线接近 90°。

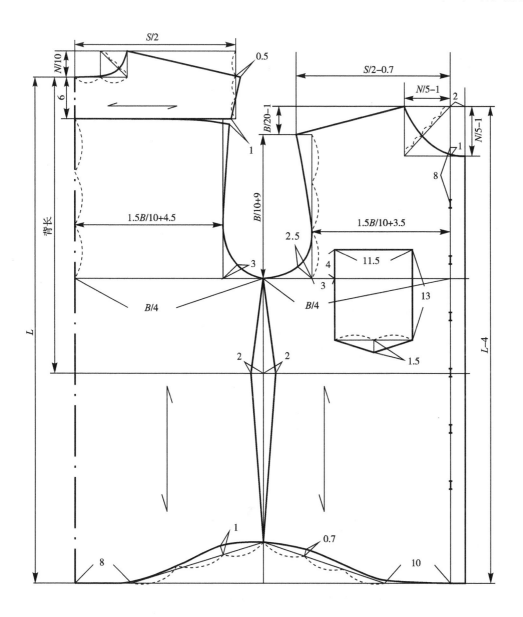

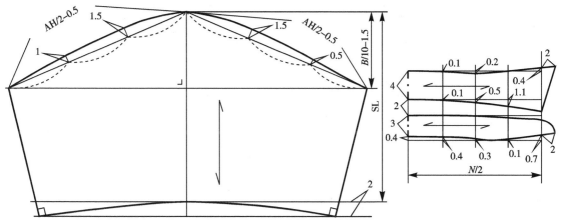

图5-18 尖领短袖男衬衫结构图

第十节　带肩襻双贴袋宽松男衬衫

一、款式及规格

本款为带肩襻双贴袋宽松男衬衫，如图 5 - 19 所示。长袖男衬衫，方角尖领，左右前胸方角褶裥贴袋，前门襟钉七粒扣，底摆为直线底摆。有过肩缉明线，肩部有肩襻并钉纽扣。后片有横向分割，装中圆角袖头，袖口宝剑头袖衩，袖窿包缝缉明线。

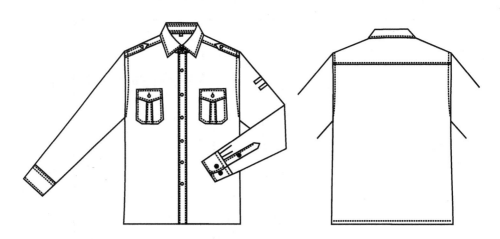

图 5 - 19　带肩襻双贴袋宽松男衬衫款式图

带肩襻双贴袋宽松男衬衫规格见表 5 - 10。

表 5 - 10　带肩襻双贴袋宽松男衬衫规格表　　　　　　　　单位：cm

部位	165/88A	170/92A	175/96A	档差
衣长（L）	69	71	73	2
胸围（B）	106	110	114	4
颈围（N）	38.5	39.5	40.5	1
肩宽（S）	43.8	45	46.2	1.2
袖长 SL	57.5	59	60.5	1.5

二、结构图

结构图如图 5 - 20 所示。

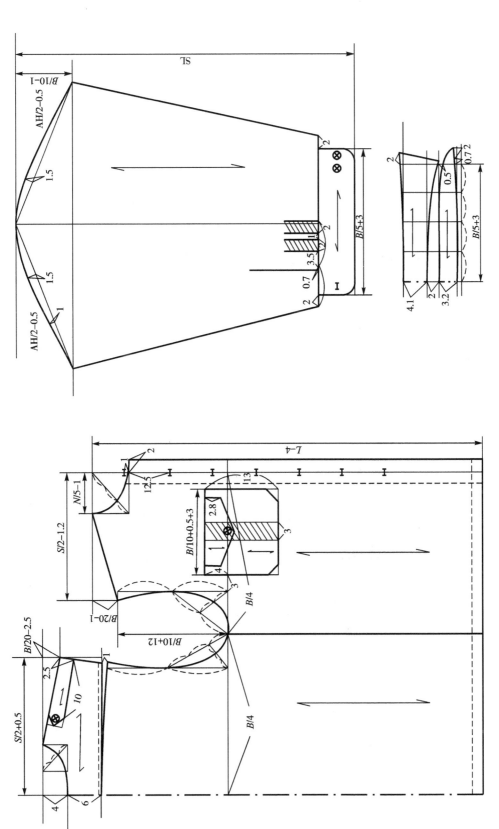

图5-20　带肩襻双贴袋宽松男衬衫结构图

三、制图要点

（1）采用比例法制图。前落肩为 $B/20-1$，后落肩为 $B/20-2.5$，前后胸围各取 $B/4$。

（2）后肩部分割处收进 1cm，后肩部左右设两个肩襻，宽为 2.5cm，长 10cm，以纽扣固定。

（3）左右前片各设一只有褶裥的带袋盖贴袋，口袋为 $B/10+0.5+3$，袋长为 13cm，袋口中间设 3cm 褶裥，以增加立体袋效果。

（4）袖子较宽松，袖山高 $B/10-1$，袖头宽为 5cm，袖衩 10cm，袖片设计两个褶裥，褶裥为 2cm，袖口钉两粒扣。

（5）领长为 $B/5+3$，可按图 5-20 来绘制，领子造型视款式图而定。

第十一节　胸前带褶裥尖领男衬衫

一、款式及规格

本款为胸前带褶裥尖领男衬衫，如图 5-21 所示。长袖男衬衫，方角尖领，前门襟钉七粒扣，底摆为曲线底摆，有过肩缉明线。后片横向分割，装中圆角袖头，袖口装宝剑头袖衩，袖窿包缝缉明线。

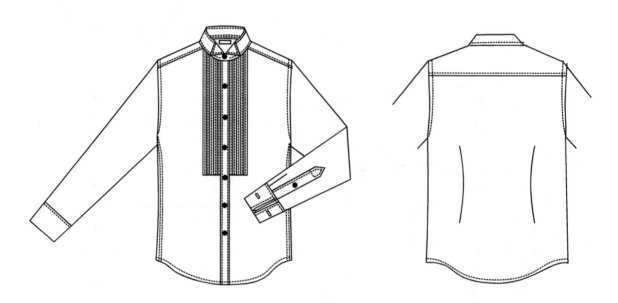

图 5-21　胸前带褶裥尖领男衬衫款式图

胸前带褶裥尖领男衬衫规格见表 5－11。

表 5－11　胸前带褶裥尖领男衬衫规格表　　　　　　单位：cm

部位	165/88A	170/92A	175/96A	档差
衣长（L）	73	75	77	2
胸围（B）	96	100	104	4
颈围（N）	41	42	43	1
肩宽（S）	43.8	45	46.2	1.2
袖长 SL	58.5	60	61.5	1.5
袖口 CW	23.6	24	24.4	0.4

二、结构图

结构图如图 5－22 所示。

三、制图要点

（1）前落肩为 5cm，后落肩为 4.5cm，前后胸围大各取 $B/4$，后领中点向下量取 26cm 为胸围线，后领中点向下量取 45cm 为腰围线，前后片在腰侧各收 0.75cm，后片以后背宽重点做腰省尖点，在腰部收省 1.5cm，增加适体性。

（2）后肩部分割处收进 1cm，前肩部做 4cm 宽过肩，左右前片领口位向下切展，总展开量为 20cm。

（3）前门襟共七粒扣，其中领口处为横向扣型，其余六粒扣均设计为竖向扣型。底摆弧势根据款式可自行设计，但要保证底摆弧势与侧缝垂直。

（4）袖子较宽松，可参照图 5－6 袖型设计。

（5）领型为尖领，领弧大取 $N/5 - 0.5$，宽为 3cm，可按图 5－8 来绘制，领尖根据款式设计而定。

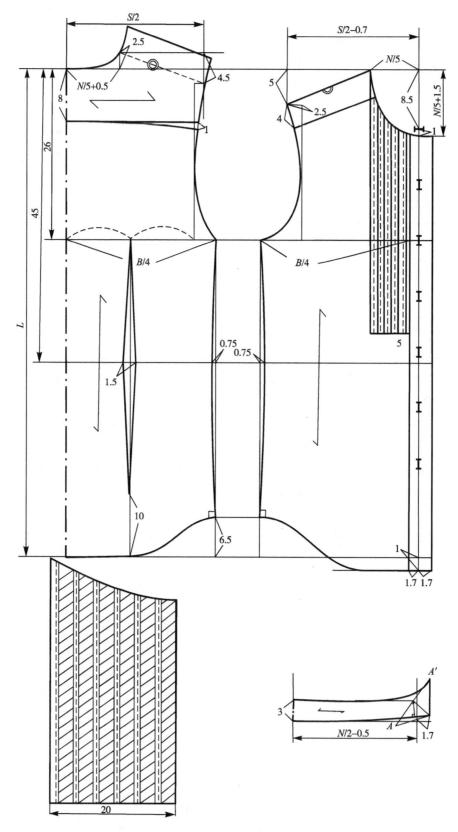

图 5－22　胸前带褶裥尖领男衬衫结构图

第六章 西服上衣制板实例

西服上衣也是指的通常意义上的西装外套，其衣长在臀围线左右，多穿着在衬衫和马甲之外，是正式场合穿着的一种外套，由于其从西方男装演变而来，故称为西装。男西服上衣廓型变化不大，只在领、搭门、止口处稍做变化，重点在于面料的选择与工艺的考究。女西服外套款式变化较多，在廓形上多为收腰的 X 廓型，在衣长上可超过臀围线，也可设计为短款西装，在分割线上变化也比较多，在领型、口袋、门襟、底摆、后腰均可做相应设计。本章选取几款典型款式的男西服和具有变化分割线的几款女西服进行制板讲解。男装制图方法一般采用原型法，女装制图方法有原型法、比例法、直接注寸法三种主要制图方法。

第一节 腰部分割曲线领女西服上衣

一、款式及规格

本款为腰部分割女西服上衣，如图 6－1 所示。领型为无领的变化曲线领，衣身为刀背缝与腰线横向分割相结合，单嵌线口袋融合在腰线处。后衣身有后中分割线。前后刀背缝通到腰线，腰线以下衣片采用一片式款式。

图 6－1 腰部分割曲线领女西服上衣款式图

腰部分割曲线领女西服上衣规格见表6-1。

表6-1 腰部分割曲线领女西服上衣规格表　　　　单位：cm

部位	155/80A	160/84A	165/88A	档差
衣长（L）	55	57	59	2
胸围（B）	88	92	96	4
腰围（W）	73	77	81	4
臀围（H）	93	97	101	4
颈围（N）	37	38	39	1
肩宽（S）	38	39	40	1
袖长 SL	52.5	54	55.5	1.5
袖口 CW	11.8	12	12.2	0.2

二、结构图

结构图如图6-2所示。

三、制图要点

（1）后领宽取 $N/5$，前领宽取 $N/5-0.2$。撇胸量取 1cm。

（2）后背宽为 $1.5B/10+3$，前胸宽为 $1.5B/10+2$，袖窿深为 $B/6+6$。

（3）后中在 BL 处消减量在后袖窿底部补齐，以保证胸围满足 $B/4$。

（4）后肩宽为 $S/2$，前肩宽为后肩宽 -0.3cm，差量以缩缝工艺处理。

（5）刀背缝在腰围线以下部分以转省形式转移，合并臀腰省使下片合为一片。腰围处以横向分割处理。前片口袋袋口嵌在腰节线处。

（6）前中有 0.5~1cm 的撇胸量，以满足前片的前胸部位达到贴体效果。

（7）领线采用曲线设计，保证美观即可，具体设计量可以调整。

（8）袖子采用合体两片袖。底摆采用圆角止口，一般前中下落 1.5~2cm。

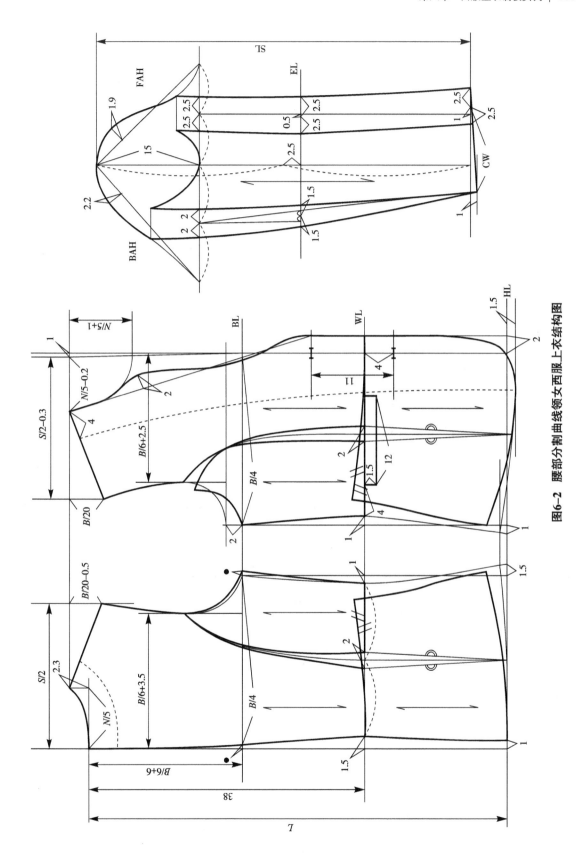

图6-2　腰部分割曲线领女西服上衣结构图

第二节　对襟嵌线领短款女西服上衣

一、款式及规格

本款为短款女西服上衣，如图6-3所示。无搭门，前中属于对襟样式，采用挂扣固定兼装饰，前衣身为横胸省与腰省相结合来达到收身效果。前中止口采用异色装饰嵌条，丰富视觉效果。后衣身为公主缝分割。袖口装三粒扣。

图6-3　对襟嵌线领短款女西服上衣款式图

对襟嵌线领短款女西服上衣规格见表6-2。

表6-2　对襟嵌线领短款女西服上衣规格表　　　　　单位：cm

部位	155/80A	160/84A	165/88A	档差
衣长（L）	48	50	52	2
胸围（B）	88	92	96	4
腰围（W）	72	76	80	4
摆围	84	88	92	4
袖长SL	52.5	54	55.5	1.5
袖口CW	11.3	11.5	11.7	0.2

二、结构图

结构图如图6-4所示。

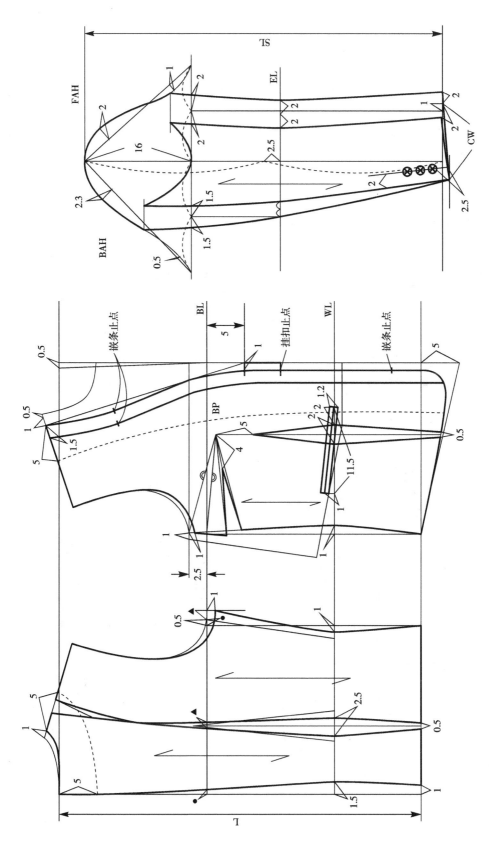

图6-4　对襟嵌线领短款女西服上衣结构图

三、制图要点

（1）采用原型法制图，胸围在原型基础上减 2cm，使成衣胸围为 92cm，在前后袖窿各收进 0.5cm。

（2）利用肩胛省画出后片公主线。后中在 WL 内收 1.5cm，在底摆内收 1cm，后中在 BL 处内收量约为 0.2~0.5cm。

（3）后中在 BL 的消减量和公主线在 BL 的消减量均在后袖窿底端补齐，以满足成衣胸围达到 $B/4$。

（4）由于此款为短款上衣，故后片分割线和前片臀腰省在底摆处均要留 0.5cm 余量，以保证底摆贴体效果。

（5）袖山高取 16cm。袖片完成后复核袖窿 AH 与袖山 AT 长度差，使 AT – AH≥2~4cm。

第三节　翻驳领刀背缝女西服上衣

一、款式及规格

本款为刀背缝女西服上衣，如图 6-5 所示。领型属于传统西装领的变型款，只保留了驳头部位，驳头边缘用明线缉缝做装饰。前搭门采用一粒扣固定，且斜搭门设计，造型简约时尚。

图 6-5　翻驳领刀背缝女西服上衣款式图

翻驳领刀背缝女西服上衣规格见表6-3。

表6-3　翻驳领刀背缝女西服上衣规格表　　　　　　单位：cm

部位	155/80A	160/84A	165/88A	档差
衣长（L）	55	57	59	2
胸围（B）	88	92	96	4
腰围（W）	72	76	80	4
臀围（H）	90	94	98	4
颈围（N）	38	39	40	1
肩宽（S）	39	40	41	1
袖长 SL	56.5	58	59.5	1.5
袖口 CW	12.3	12.5	12.7	0.2

二、结构图

结构图如图6-6所示。

三、制图要点

（1）采用比例法制图。后背宽 $B/6+3$，前胸宽 $B/6+2.5$，袖窿深 $B/6+6$，后落肩为 $B/20-0.5$，前落肩为 $B/20$，后领宽为 $N/5$。

（2）曲线分割在底摆处重叠1cm，以满足成衣臀围尺寸。

（3）单粒扣眼位可定于 WL 上下5cm，具体情况视款式图而定。

（4）大口袋袋口一般与最后一粒扣齐平；对于单粒扣款式，可在眼位下5cm。

（5）驳头可按此图的定数法来绘制，也可用对称法来绘制，美观即可。

（6）袖子可按图6-4来绘制。

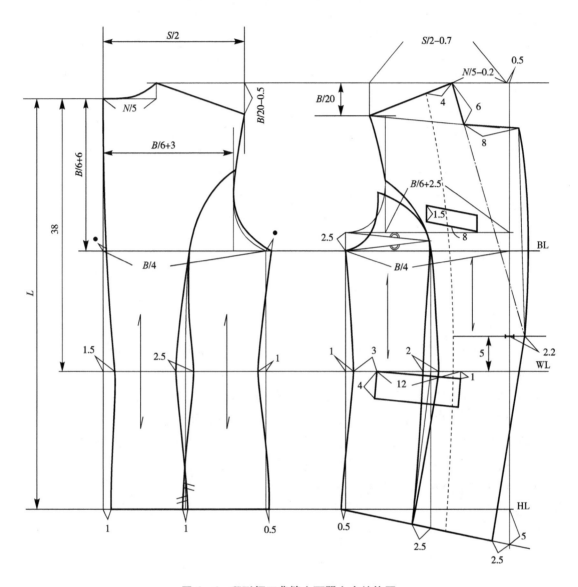

图 6-6 翻驳领刀背缝女西服上衣结构图

第四节 不对称斜门襟两粒扣女西服上衣

一、款式及规格

本款为非对称式女西服上衣，如图6-7所示。门襟倾斜，采用不对称设计。前片领型采用连身企领设计，后片衣领采用小立领设计。最后一粒扣在前中心线上。前片刀背缝，后片公主缝，袖口采用曲线双层袖口设计。在袖口与衣领处均缝有花边做装饰。

图6-7 不对称斜门襟两粒扣女西服上衣款式图

不对称斜门襟两粒扣女西服上衣规格见表6-4。

表6-4 不对称斜门襟两粒扣女西服上衣规格表　　　　单位：cm

部位	155/80A	160/84A	165/88A	档差
衣长（L）	54	56	58	2
胸围（B）	86	90	94	4
腰围（W）	69	73	77	4
臀围（H）	88	92	96	4
颈围（N）	38	39	40	1
肩宽（S）	37	38	39	1
袖长 SL	53.5	55	56.5	1.5
袖口 CW	10.8	11	11.2	0.2

二、结构图

结构图如图6-8所示。

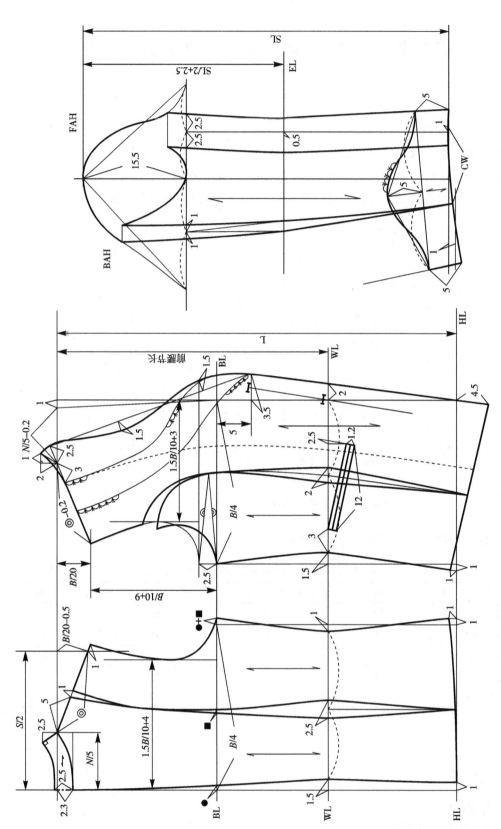

图6-8 不对称斜门襟两粒扣女西服上衣结构图

三、制图要点

（1）在前落肩的基础上向下取 $B/10 +9$ 来确定 BL，后背宽采用 $1.5B/10 +4$，前胸宽采用 $1.5B/10 +3$。

（2）后片直线分割取肩胛省 1cm，在后肩点延长 1cm 作为补齐量。若面料弹性不大，也可取肩胛省 1.5cm。

（3）后领采用直接在原图上画立领的方法绘制。领高 2.5cm，与正常无领的后领弧线平行画一条曲线，自颈肩点向这条平行曲线做垂线，来确定后领轮廓。

（4）自前颈肩点竖直向上 2cm，再水平向右 1cm 来确定前领起始点。沿前领斜线向前中方向延长 3.5cm 领高，过前领起始点与此参考点设计企领曲线。

（5）后肩线长度确定后，前肩线 = 后肩线 -0.2，以前肩线为半径，以前肩颈点为圆心画弧，交于前落肩一点，此为前肩点。

（6）由于前搭门为斜门襟，故前片分割线设计要与门襟平行，以达到线条统一，视觉平衡。

（7）袖口处的曲线分割，采用先绘制整片，再将小袖部分对称至小袖结构图中，再分割小袖的设计方法。

第五节　双排扣戗驳头贴袋女西服上衣

一、款式及规格

本款为双排扣女西服上衣，如图 6 - 9 所示。采用双排两粒扣设计，胸前还有两粒扣作为装饰。戗驳头，圆角贴袋，前后刀背缝分割。袖口装三粒扣。

图 6 - 9　双排扣戗驳头贴袋女西服上衣款式图

双排扣戗驳头贴袋女西服上衣规格见表6-5。

表6-5 双排扣戗驳头贴袋女西服上衣规格表 单位：cm

部位	155/80A	160/84A	165/88A	档差
衣长（L）	58	60	62	2
胸围（B）	88	92	96	4
腰围（W）	70	74	78	4
臀围（H）	93	97	101	4
颈围（N）	39	40	41	1
肩宽（S）	39	40	41	1
袖长 SL	53.5	55	56.5	1.5
袖口 CW	10.8	11	11.2	0.2

二、结构图

结构图如图6-10所示。

三、制图要点

（1）收腰量比较大的款式，前衣片的上平线要高于后衣片的上平线1cm，以达到更加合体的效果。

（2）对于紧身款上衣，后中腰部最多可收进2cm，一般适体款收进1~1.5cm即可。

（3）两侧缝外展量均为1cm，前后刀背缝在底摆处均有重叠量1cm，以满足臀胸差量。

（4）戗驳头领的设计采用对称法来绘制。先设计领型，以颈肩点内1cm为起始点，参考款式图设计领型的宽窄及领嘴的角度、长短，将几个拐点沿翻折线对称过去，翻领内凹，驳头外凸，画顺领部线条。

（5）贴袋为圆角贴袋，靠近侧缝的一边与侧缝平行。口袋袋口略倾斜，一般可与前片底摆平行。

（6）袖山高采用AH/3+1.5来绘制，也可用定数15~18cm来确定。

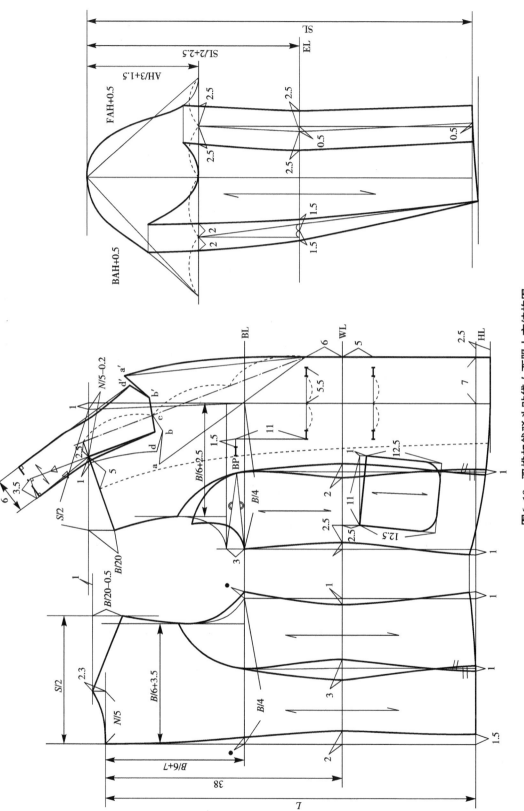

图6-10 双排扣戗驳头贴袋女西服上衣结构图

第六节 腰带撞色拼接曲线分割女西服上衣

一、款式及规格

本款为腰部横向分割女西服上衣,如图6-11所示。腰部横向分割且前片有撞色装饰腰带,视觉上提高腰线,拉长身高。戗驳头衣领,两粒扣分别在腰线分割的上下。插袋袋口嵌在腰线下的分割缝中。下摆处为圆角止口。后片有后中缝,刀背缝分割。

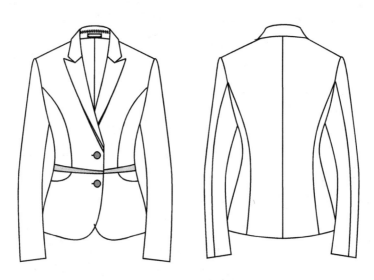

图6-11 腰带撞色拼接曲线分割女西服上衣款式图

腰带撞色拼接曲线分割女西服上衣规格见表6-6。

表6-6 腰带撞色拼接曲线分割女西服上衣规格表 单位:cm

部位	155/80A	160/84A	165/88A	档差
衣长(L)	54	56	58	2
胸围(B)	86	90	94	4
腰围(W)	70	74	78	4
臀围(H)	89	93	97	4
肩宽(S)	37	38	39	1
袖长 SL	52.5	53.5	54.5	1
袖口 CW	10.5	12	13.5	1.5
袖窿深	21.5	22	22.5	0.5

二、结构图

结构图如图6-12所示。

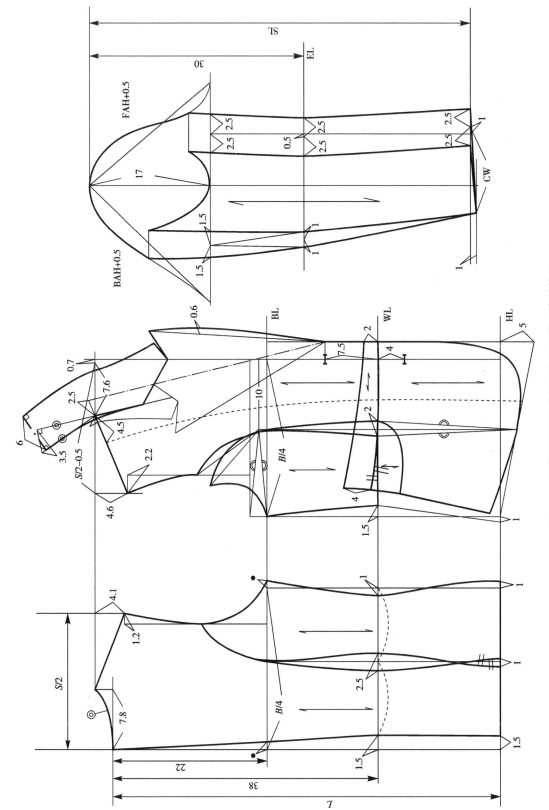

图6-12 腰带撞色拼接曲线分割女西服上衣结构图

三、制图要点

（1）本图主要使用直接注寸法来绘制。袖窿深为 22cm，后领宽为 7.8cm，后落肩为 4.1cm，前落肩为 4.6cm。

（2）由后肩点向内收 1.2cm 确定后背宽，由前肩点内收 2.2cm 确定前胸宽。

（3）撇胸量取 0.7cm。

（4）采用对称法绘制领型，后领宽直接取 6cm 来绘制翻领。

（5）前片臀腰省合并，转移至腰线。腰带在转以后的前下片上直接绘制，腰带两侧宽，前中窄。

（6）以胸距 18～20cm 来确定近似 BP 点，将腋下省转移至袖窿，画顺刀背缝。

（7）肘线 EL 由上平线直接向下取 30cm 定数来确定。

第七节　腰部拼接曲线分割女西服上衣

一、款式及规格

本款为腰部拼接女西服上衣，如图 6-13 所示。领型采用翻领与驳头闭合设计，即无领嘴设计。前片的刀背缝分割至腰围线止住，下片采用斜向分割，通往侧缝，腰部使用异色面料做拼接装饰形成几何形状。后片有后中分割缝和刀背缝。

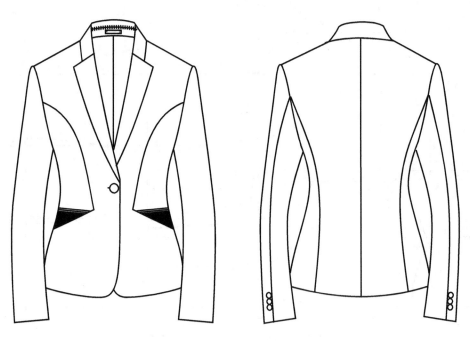

图 6-13　腰部拼接曲线分割女西服上衣款式图

腰部拼接曲线分割女西服上衣规格见表6-7。

表6-7 腰部拼接曲线分割女西服上衣规格表 单位：cm

部位	S	M	L	档差
衣长（L）	56	58	60	2
胸围（B）	86	90	94	4
腰围（W）	70	74	78	4
臀围（H）	88	92	96	4
前胸宽 FBW	34	35	36	1
后背宽 BBW	35	36	37	1
肩宽（S）	38	39	40	1
袖长 SL	54.5	56	57.5	1.5
袖口 CW	11.8	12	12.2	0.2
袖窿深	21.5	22	22.5	0.5

二、结构图

结构图如图6-14所示。

三、制图要点

（1）后中腰部收进1~1.5cm均可。侧缝外展量可在0.5~1cm之间调整，若都取1cm，则后片刀背缝在底摆处就不重叠1cm，直接合并即可。

（2）后背宽取 BBW/2，前胸宽取 FBW/2，袖窿深仍采用定值22cm，根据款式可适当调整，取值在21~23cm之间。

（3）串口线的确定采用比例法，先将串口线四等分，连接前肩点与上1/4等分点，以此来确定串口线角度和位置。

（4）后领宽取值7cm，根据款式图可适当调整为6~8cm。

（5）前片臀腰省合并转移至腰节线，腰部分割出一个三角形，作为异色面料拼接片。

（6）扣眼位在 WL 上4.5cm，也可制订在 WL 上。

（7）袖山高采用定值16.5cm来绘制，肘线 EL 采用定值30.5cm来绘制。

（8）袖扣的位置距离袖口围2.5cm，扣距视袖口的直径而定。

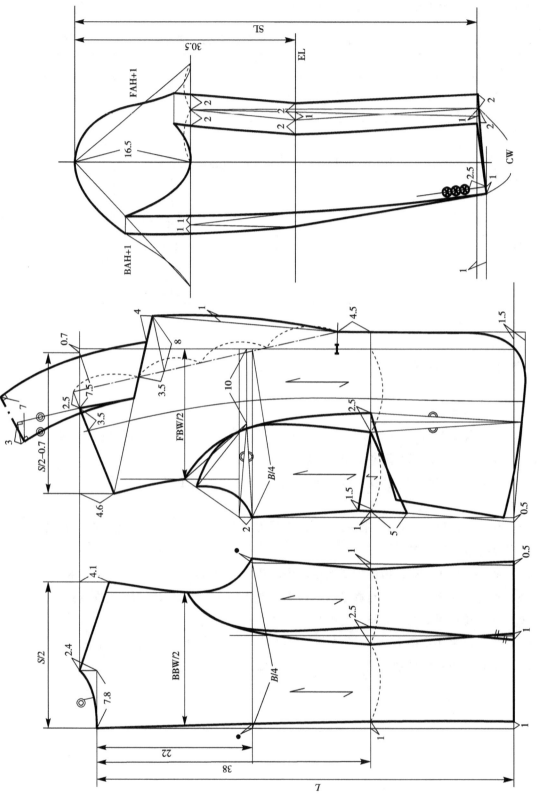

图6-14 腰部拼接曲线分割女西服上衣结构图

第八节　双曲线分割 V 领女西服上衣

一、款式及规格

本款为双曲线分割女西服上衣，如图 6 – 15 所示。领型为 V 字，简约大方。前衣身有两条曲线分割，一条为通底摆的刀背缝，一条为从领部通往腰线、以袋口为终点、有明线缉缝的曲线分割。前中两粒扣。两个带圆角袋盖的挖袋。底摆为圆角止口。

图 6 – 15　双曲线分割 V 领女西服上衣款式图

双曲线分割 V 领女西服上衣规格见表 6 – 8。

表 6 – 8　双曲线分割 V 领女西服上衣规格表　　　　　　　　单位：cm

部位	155/80A	160/84A	165/88A	档差
衣长（L）	58	60	62	2
胸围（B）	88.8	92.8	96.8	4
腰围（W）	69	73	77	4
臀围（H）	90	94	98	4
袖窿深	21	21.5	22	0.5
肩宽（S）	37.8	39	40.8	1.2
袖长 SL	54.5	56	57.5	1.5
袖口 CW	11.8	12	12.3	0.2

二、结构图

结构图如图 6 – 16 所示。

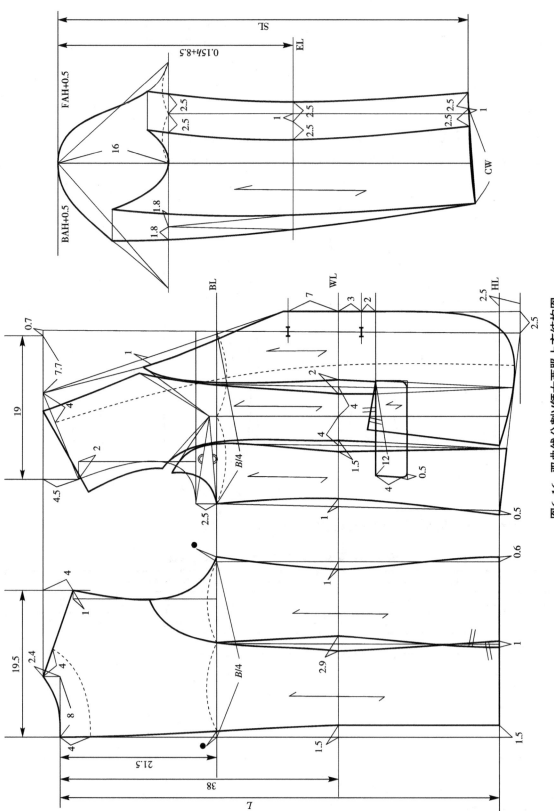

图6-16 双曲线分割V领V领女西服上衣结构图

三、制图要点

（1）采用直接注寸法来绘制本图，袖窿深为21.5cm，后肩宽为19.5cm，前肩宽为19cm，后领宽为8cm，前领宽为7.7cm。

（2）后肩宽向内收1cm定后背宽，前肩宽向内收2cm定前胸宽。

（3）前片以胸距9～10cm找近似BP点，经过二次转移，分别转移至领和袖窿，转开处作为前衣身两条曲线分割线的起始端，分别画顺两个曲线分割弧线。

（4）由前中起始的曲线分割，在口袋处将臀腰省转移至袋口，实现分割缝与袋口的融合。

（5）袖山高取16～18cm均可。EL采用$0.15h+8.5$的比例计算法来确定，其中h代表身高，也就是号，也可以取30～31cm。

第九节　腰带拼接裙摆式女西服上衣

一、款式及规格

本款为裙摆式女西服上衣，如图6－17所示。方角翻驳领，领边缘缉明线至底摆。腰部有宽腰带分割，前中两粒扣装在腰带上，门襟偏左片固定，不在中心线上装纽扣、锁扣眼。腰带以上前后片均为刀背缝分割，腰带以下的前后片均为波浪裙摆样式，呈现随意活泼的风格。

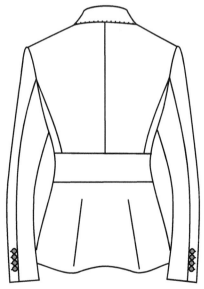

图6－17　腰带拼接裙摆式女西服上衣款式图

腰带拼接裙摆式女西服上衣规格见表6-9。

表6-9 腰带拼接裙摆式女西服上衣规格表 单位：cm

部位	155/80A	160/84A	165/88A	档差
衣长（L）	54	56	58	2
胸围（B）	86	90	94	4
腰围（W）	69	73	77	4
肩宽（S）	39	40	41	1
袖长 SL	52.5	54	55.5	1.5
袖口 CW	10.8	11	11.2	0.2

二、结构图

结构图如图6-18所示。

三、制图要点

（1）采用比例法与直接注寸法相结合的制图方法来绘制本图。

（2）腰带宽取5cm，在WL上下各取2.5cm。在搭门处绘制两眼位，此处两眼位只是装饰作用，实际作用只相当于单粒扣的眼位。

（3）腰线以下的裙摆由臀腰省转移合并后的衣片，经过剪切加量而得，只在底摆处加量，加量大小视裙摆外展程度而定。

（4）串口线的确定由比例法而定，将翻折线三等分，自上1/3等分点沿翻折线向上取5cm，连接此点和前肩点来确定串口线的位置和角度。

（5）前中心线竖直向上与串口线交于一点，此点为驳角点，下领嘴长度即确定，再根据下领嘴长于上领嘴0.5cm来确定领角点。

（6）搭门取4cm，扣眼位距离搭门线2cm。

（7）腰带单独绘制，注意要增加8cm的门里襟重叠量。

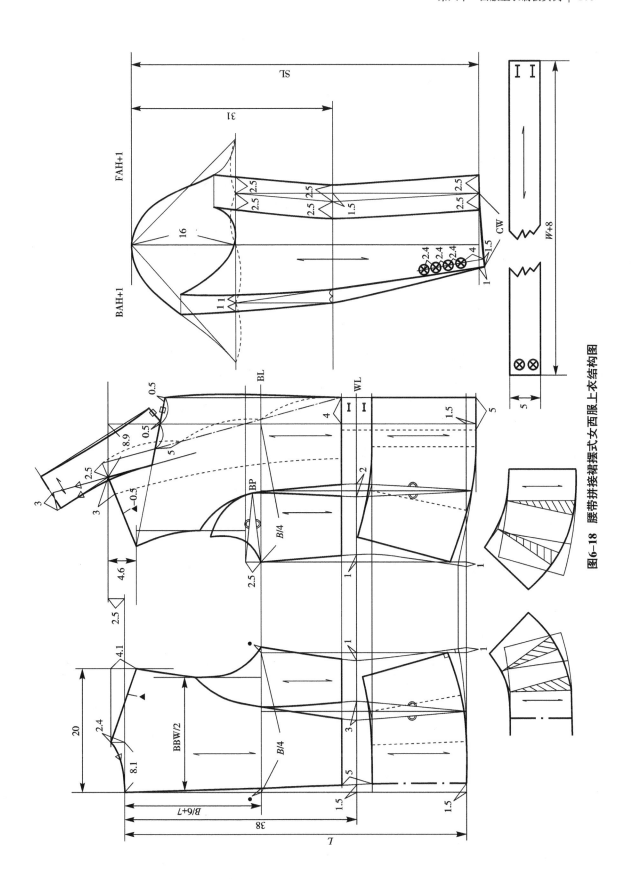

图6-18　腰带拼接褶摆式女西服上衣结构图

第十节　企领多曲线分割女西服上衣

一、款式及规格

本款为多曲线分割女西服上衣，如图 6-19 所示。前后衣领为连身企领样式，前后形成肩部分割，后领设计有领省直通后袖窿，前驳头固定在前肩分割缝中。前片刀背缝分割结合前腰省设计，腰省长至袋口一角止住。后片两条曲线分割，靠近后中的一条长至腰节横向分割线。后中下片只保留后中分割线。整体衣身分割线设计较多，达到紧身收腰的效果。

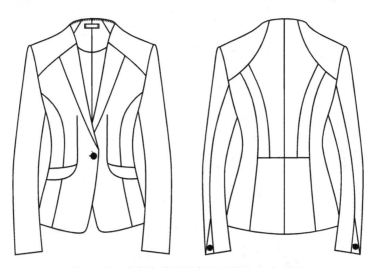

图 6-19　企领多曲线分割女西服上衣款式图

企领多曲线分割女西服上衣规格见表 6-10。

表 6-10　企领多曲线分割女西服上衣规格表　　　　　　　单位：cm

部位	155/80A	160/84A	165/88A	档差
衣长（L）	58	60	62	2
胸围（B）	88	92	96	4
腰围（W）	71	75	79	4
臀围（H）	92	96	100	4
袖窿深	21.5	22	22.5	0.5
肩宽（S）	38.8	40	41.2	1.2
袖长 SL	56	57.5	59	1.5
袖口 CW	10.8	11	11.2	0.2

二、结构图

结构图如图 6-20 所示。

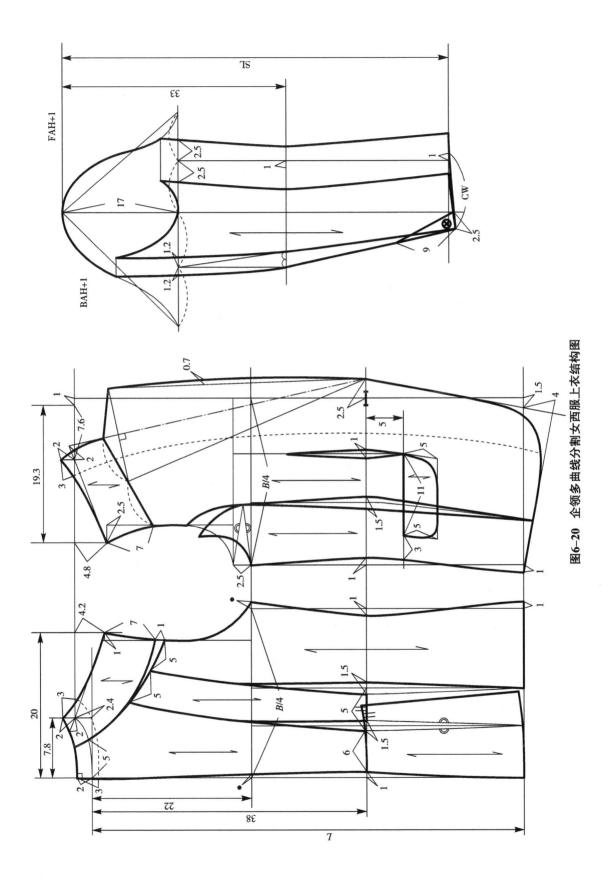

图6-20 企领多曲线分割女西服上衣结构图

三、制图要点

（1）采用直接注寸法绘图。袖窿深取 22cm，后领宽取 7.8cm，前领宽取 7.6cm，后肩宽取 20cm，前肩宽 19.3cm，撇胸量取 1cm，袖山高取 17cm。

（2）自后领侧颈点竖直向上取 2cm，确定领侧点，自后颈点向上取 2cm，确定后领中点，过这两点画顺后领弧线。

（3）后肩分割线自领部向袖窿设计曲线分割，在袖窿处收 1cm 省。分割线设计美观即可，具体尺寸可以调整。一般取后领弧线中点作为起始点，取后袖窿中点向上作为尾端。

（4）后片两条直线分割，在 WL 各处收 1.5cm，转移靠近后中的臀腰省至腰线，使后中片下半部分成为一片。

（5）自前侧颈点竖直向上取 2cm 领高，画顺前肩线。自前颈肩点延长 2cm 确定翻折线位置，前领弧线与翻折线画顺。过切点设计前肩分割线，位置可参考与前肩线平行。

（6）在前肩分割线中点处作翻折线的对称，来绘制驳头部分。

（7）前片刀背缝偏侧缝一些，前腰省偏前中一些。刀背缝 WL 以下部分作倾斜设计，可参考与前搭门平行。

（8）口袋位不规则设计，前袋盖与前搭门平行，作圆角设计，后袋盖与侧缝平行作圆角设计。

（9）大袖袖口有几何图形拼接设计，大袖口钉 1 粒扣。

第十一节　腰部收褶公主缝女西服上衣

一、款式及规格

本款为腰部收褶女西服上衣，如图 6－21 所示。领型为窄戗驳领，翻领外口采用异色装饰嵌条设计。腰部横向分割也设计了异色装饰条，在视觉上与领外口达到呼应效果。前后衣身的直线分割至腰节线止住，在分割线终点以收褶的工艺处理，呈现出两个自然褶。袖口采用一粒扣装饰，袖口采用曲线设计。

腰部收褶公主缝女西服上衣规格见表 6－11。

表 6－11　腰部收褶公主缝女西服上衣规格表　　　　　　单位：cm

部位	155/80A	160/84A	165/88A	档差
衣长（L）	58	60	62	2
胸围（B）	86	90	94	4
腰围（W）	70	74	78	4
臀围（H）	86	90	94	4
肩宽（S）	38	39	40	1
袖长 SL	54.5	56	57.5	1.5
袖口 CW	11.25	11.5	11.75	0.25

图 6-21　腰部收裥公主缝女西服上衣款式图

二、结构图

结构图如图 6-22 所示。

三、制图要点

（1）采用直接注寸法制图，袖窿深取 21.5cm，后落肩取 4.2cm，前落肩取 4.7cm，后肩宽取 19.5cm，后领宽取 8.2cm，袖山高取 16cm，肘线取 32cm。

（2）后片直线分割开口处取 1.5cm，在后肩端点延长 1.5cm 补齐，以保证缝合后后肩长不变。

（3）以后肩长 -0.5 来确定前肩线的位置和长度。

（4）前片腋下省合并，转移至前肩部。

（5）戗驳头领采用对称法来制图。

（6）前后分割线按正常直线分割来绘制，在前片 WL 下 3.5cm 确定袋位。以此为前后侧片的横向分割线。将省含在衣片中以收褶的形式缝合，这样在分割线下端就出现褶或者裥。若褶裥量想增大，可通过剪切加量的方式在原褶裥处进行加量，使褶裥饱满。

（7）西装领采取大小两片领式翻驳领。在领下口取 1.5cm 宽的小领条，在后领宽取 1.8cm 的后领座高，像反方向翻折，可参考过颈肩点与翻折线平行的领基础线相切而画倾斜角度。大翻折领可保留原翻折领，也可适当增加倒伏量，做到更加合体。

（8）大小袖后侧缝采用同一条线，大小袖的前袖缝分割较远，达到 3.5cm。

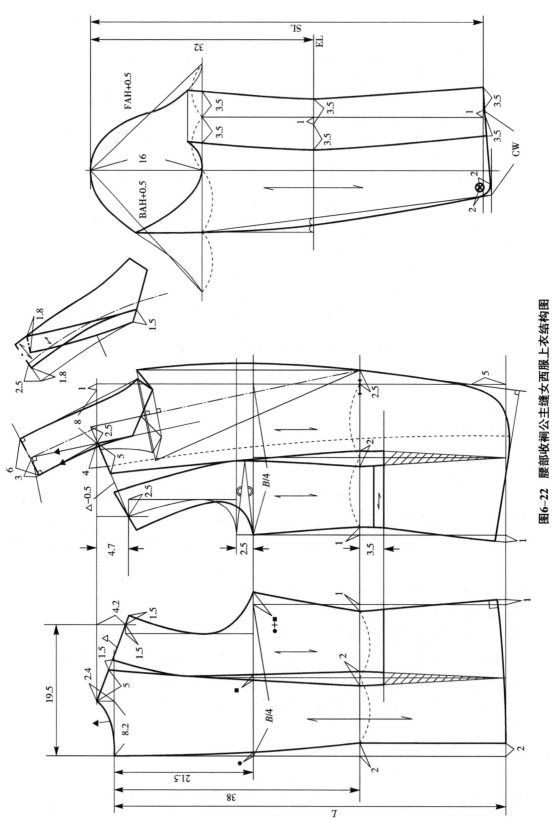

图6-22 腰部收褶公主缝女西服上衣结构图

第十二节　平驳头基本款男西服上衣

男西服上衣纸样的绘制都是基于男装标准基本纸样，男装标准基本纸样是以本国男子的标准体型（170/88A）为依据以净胸围为基础，以比例为原则，以定寸为补充。我国的男装标准基本纸样以日本文化原型和英国的男装原型为基础，根据我国成年男子的标准体进行完善得到。

我国男装标准基本纸样从 1992 年开始经历了三代的变化，第一代男装标准基本纸样强调宽松的造型特点，在技术上表现出机械化、规范化的特点；第二代男装标准基本纸样在原来的基础上进行了修正，胸围松量增加了 2cm，袖窿深从 $B/6+8.5$ 改成 $B/6+9$，背宽增加 0.2cm，这些调整使工艺、板型、造型等更加美观；第三代男装标准基本纸样主要是对领口与肩宽的比例、后落肩差做了微调，后领宽在第二代的基础上增加了 0.5cm，这种改变使领宽变大，肩宽相对变小。袖窿深从原来的 $B/6+9cm$ 调整为 $B/6+9.5cm$。这三代基本纸样的进化并不是意味着前几代纸样的淘汰，而是满足不同体型的需求。男装标准基本纸样应用于男西装、男风衣、男马甲、男衬衣等，在本书男西服上衣、马甲、风衣的制图中，以第三代标准基本纸样为基型如图 6-23 所示。

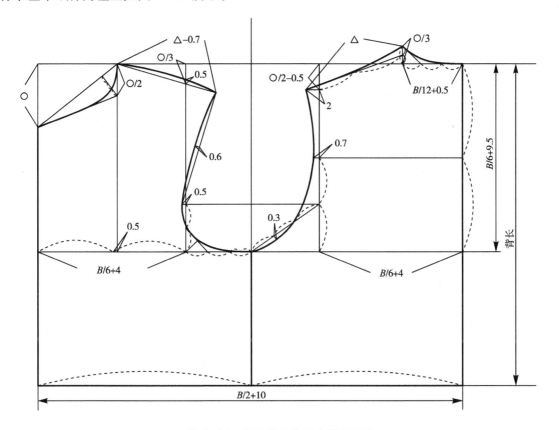

图 6-23　男装第三代标准基本纸样

一、款式及规格

此款为平驳领男西服上衣，其款式图如图 6-24 所示。两粒扣，微收腰，前左片上胸单嵌线口袋，左右为带嵌线翻袋，后中开衩，平驳头，圆角底摆。

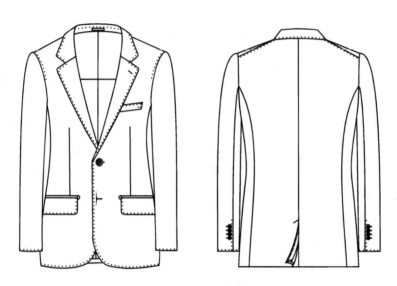

图 6-24　平驳领男西服上衣款式图

平驳领男西服上衣规格见表 6-12。

表 6-12　平驳领男西服上衣规格表　　　　　　　单位：cm

部位	165/84A	170/88A	175/92A	档差
衣长（L）	72	74	76	2
胸围（B）	102	106	110	4
腰围（W）	94	98	102	4
背长	41	42	43	1
肩宽（S）	42.8	44	45.2	1.2
袖长 SL	59.5	61	62.5	1.5

二、结构图

此款男西服上衣的衣身结构图如图 6-25 所示，袖子的结构图如图 6-26 所示。

三、制图要点

（1）后中线外放 1cm 定新的后中线，腰围线与新后中线的交点内收 2.5cm，底摆线与新后中线交点内收 3.5cm。

（2）从前领肩点向上做领子翻折线的平行线，长度为后领窝线长，以前领肩点为圆心，后领窝线为半径画弧线，弧线长度为 2.5cm，连接前领肩点与弧线止点，并做此线的垂线长度先取 2.5cm，再延长 3.5cm。

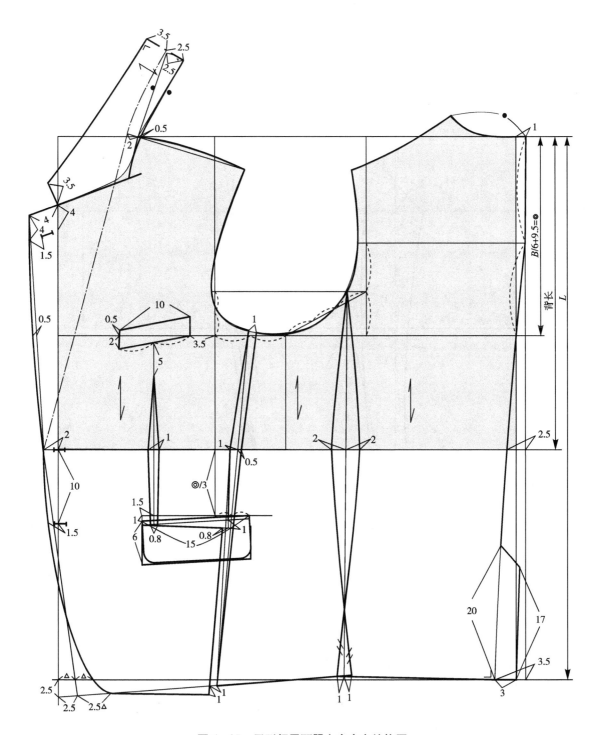

图 6-25 平驳领男西服上衣衣身结构图

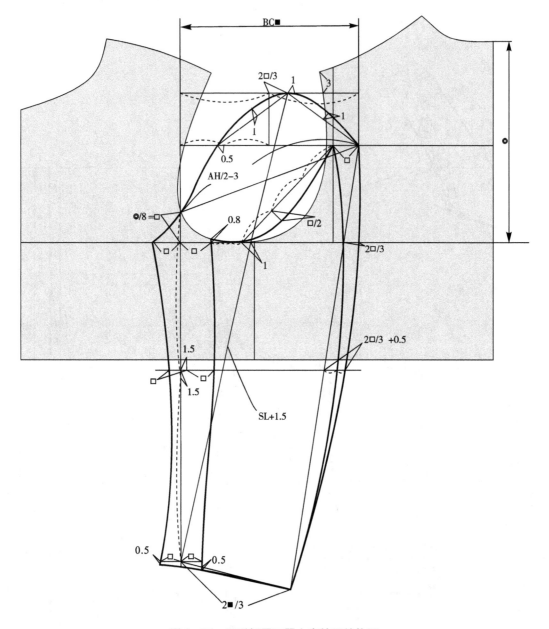

图6-26 平驳领男西服上衣袖子结构图

（3）前片侧缝过翻袋时，翻袋的嵌线下边线下拉1cm，左移0.8cm。

（4）从胸宽线与前胸围线的交点向内收3.5cm定口袋宽2.5cm，长10cm。

（5）前片的胸省为宝塔省，省尖点为手巾袋中点向下5cm，省宽1cm，省底宽0.8cm。

（6）袖子在衣身的基础上绘制，从后肩端点延袖窿向下3cm，定上平线，从前胸围线与胸宽线交点向上量取◎/8，并以此为端点定袖肥。

（7）通过袖肥定大袖片的袖山定点，小袖的尖端点。

（8）以大袖的袖山顶点为起点往前胸宽线的延长线上量取袖长+1.5cm，并定大袖和小袖的袖口宽。

第十三节　戗驳领男西服上衣

一、款式及规格

此款为戗驳头男西服上衣，其款式图如图 6-27 所示。领子采用戗驳领，两粒扣，微收腰，前胸左侧有手巾袋，前衣身左右为带单嵌线条翻袋，圆角底摆。

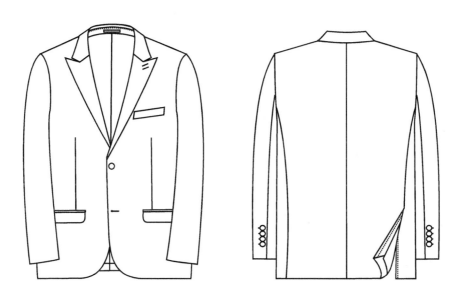

图 6-27　戗驳领男西服上衣款式图

戗驳领男西服上衣规格见表 6-13。

表 6-13　戗驳领男西服上衣规格表　　　　　　单位：cm

部位	165/84A	170/88A	175/92A	档差
衣长（L）	72	74	76	2
胸围（B）	102	106	110	4
腰围（W）	94	98	102	4
背长	41	42	43	1
肩宽（S）	42.8	44	45.2	1.2
袖长 SL	59.5	61	62.5	1.5

二、结构图

此款男西服上衣的衣身结构图如图 6-28 所示。

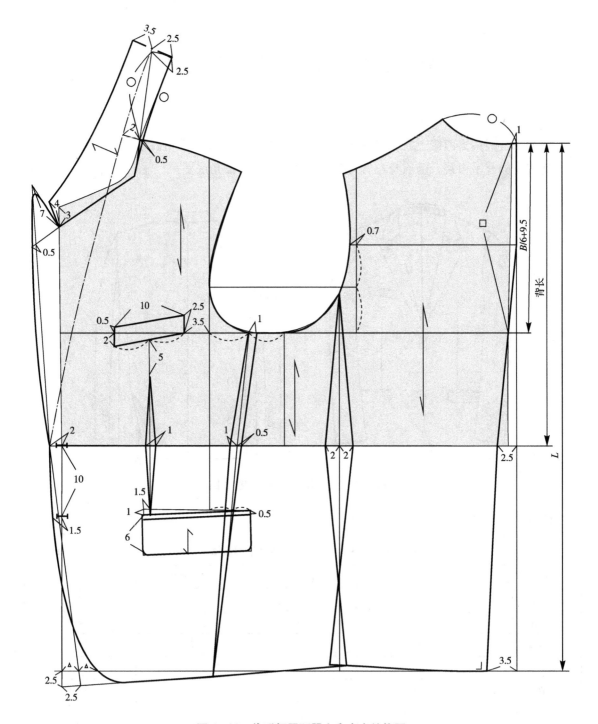

图 6 − 28　戗驳领男西服上衣衣身结构图

三、制图要点

（1）后领底线与领宽制图方法与平驳头基本款相同。

（2）从前领窝点延前中线向下量取 3cm，从此点做串口线的垂线长为 7cm，以此点向上 4cm 定领嘴。

（3）将胸宽线与侧缝的中点与图示中口袋外边缘的中点相连定侧缝辅助线，以此辅助线做侧缝分割。

（4）袖子绘制与平驳领男西服上衣相同。

第十四节 平驳领休闲男西服上衣

一、款式及规格

此款为平驳领休闲男西服上衣，其款式图如图6-29所示。领子采用平驳领结构，两粒扣，微收腰，前胸左侧小贴袋，前衣身左右两边有大贴袋，圆角底摆，侧缝有开衩。

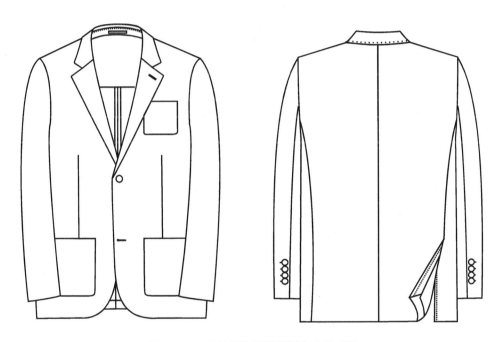

图6-29 平驳领休闲男西服上衣款式图

平驳领休闲男西服上衣规格见表6-14。

表6-14 平驳领休闲男西服上衣规格表　　　　　　单位：cm

部位	165/84A	170/88A	175/92A	档差
衣长（L）	72	74	76	2
胸围（B）	102	106	110	4
腰围（W）	94	98	102	4
背长	41	42	43	1
肩宽（S）	42.8	44	45.2	1.2
袖长 SL	59.5	61	62.5	1.5

二、结构图

此款男西服上衣的衣身结构图如图6-30所示，袖子的结构图如图6-31所示。

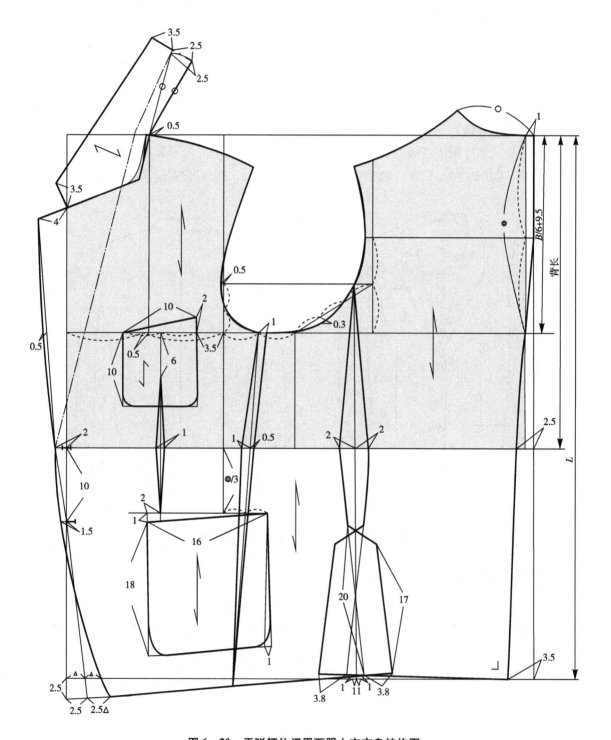

图6-30　平驳领休闲男西服上衣衣身结构图

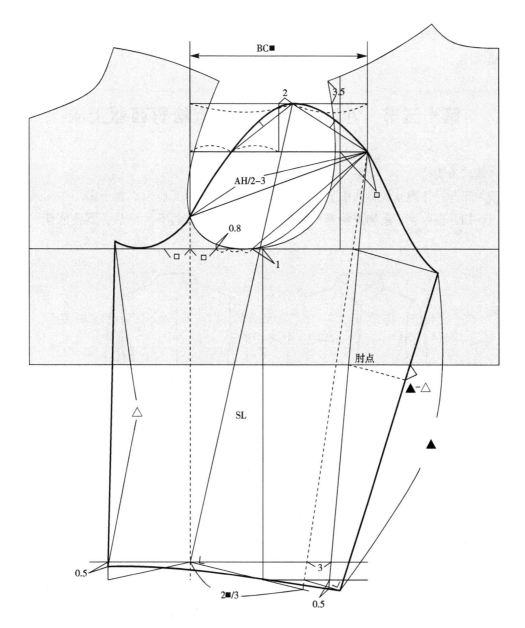

图 6−31 平驳领休闲男西服上衣袖子结构图

三、制图要点

（1）从胸宽线向左量取 3.5cm，以此点向上量取 2cm，然后向胸围线上量取口袋宽 10cm，口袋长为 10cm。

（2）大贴袋的宽为 15cm，长为 16cm。

（3）侧缝开衩从后片侧缝底摆向外量 3.8cm 定开衩宽，开衩长边为 20cm，短边为 17cm。侧片同样从侧缝向外量 3.8cm 定开衩宽，开衩长边为 20cm，短边为 17cm。

（4）袖子为有省一片袖。通过符合点垂直引出的袖边线为一片袖前袖的翻折线，袖肥点的垂线在袖口处往前移3cm。

（5）以基本纸样的侧缝线作为一片袖的前后内缝线，按照前后翻折线对称的形状复原完成一片袖纸样。

第十五节　小立领贴袋休闲宽松男西服上衣

一、款式及规格

此款为四开身休闲立领男西服上衣，其款式图如图6-32所示。领子采用中山装的立领结构，三粒扣，微收腰，前胸左侧有手巾袋，前衣身左右两边有大贴袋，圆角底摆，后片有开衩。

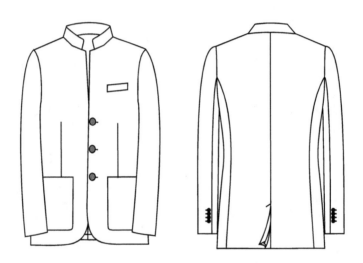

图6-32　小立领贴袋休闲宽松男西服上衣款式图

小立领贴袋休闲宽松男西服上衣规格见表6-15。

表6-15　小立领贴袋休闲宽松男西服上衣规格表　　　　　单位：cm

部位	165/84A	170/88A	175/92A	档差
衣长（L）	72	74	76	2
胸围（B）	102	106	110	4
腰围（W）	94	98	102	4
背长	41	42	43	1
肩宽（S）	42.8	44	45.2	1.2
袖长SL	59.5	61	62.5	1.5

二、结构图

此款男西装的衣身结构图如图6-33所示。

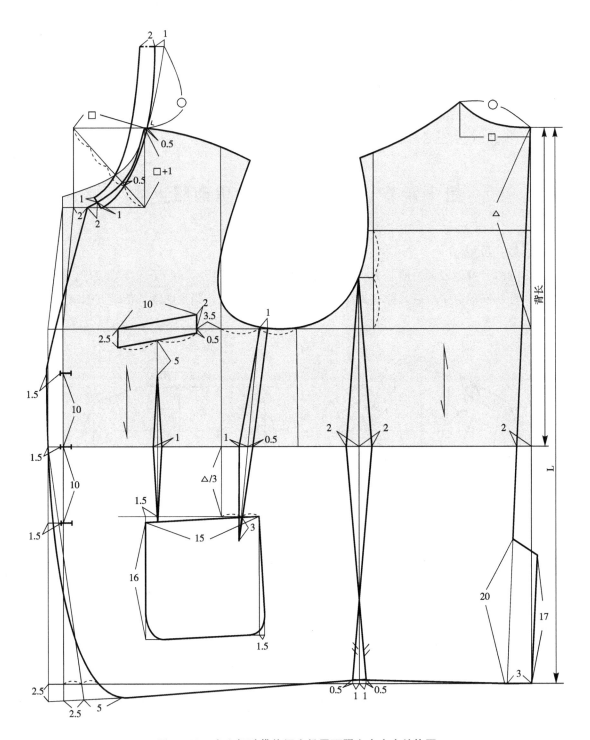

图 6-33　小立领贴袋休闲宽松男西服上衣衣身结构图

三、制图要点

（1）以前领肩点向下量取后领宽加1cm，向左量后领宽，并做矩形，取此矩形的对角线四等分，以此等分点重新定前领窝线和立领的领底线。

（2）前中心从第一个扣位往上有前中撇势。

（3）从前领肩点向内量取0.5cm，并以此点向上做前肩线的垂线长度为后领窝线长，以此定领宽。

（4）贴袋的宽为15cm，长为16cm。

（5）后开衩从后底摆线延长3cm定开衩宽，开衩长边为20cm，短边为17cm。

（6）袖子绘制与平驳头基本款相同。

第十六节　戗驳领双排扣男西服上衣

一、款式及规格

此款为六开身戗驳领男西服上衣，其款式图如图6-34所示。领子采用戗驳领，双排扣，微收腰，前胸左侧有手巾袋，前衣身左右为带单嵌线条翻袋，圆角底摆，侧缝开衩。

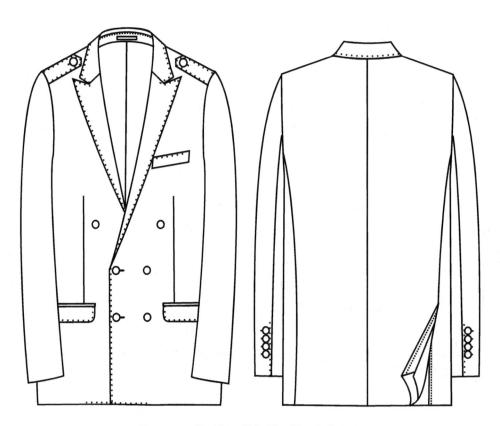

图6-34　戗驳领双排扣男西服上衣款式图

戗驳领双排扣男西服上衣规格见表6-16。

表6-16　戗驳领双排扣男西服上衣规格表　　　　　单位：cm

部位	165/84A	170/88A	175/92A	档差
衣长（L）	72	74	76	2
胸围（B）	102	106	110	4
腰围（W）	94	98	102	4
背长	41	42	43	1
肩宽（S）	42.8	44	45.2	1.2
袖长 SL	59.5	61	62.5	1.5

二、结构图

此款男西装的衣身结构图如图6-35所示。

三、制图要点

（1）前片肩章宽3cm，长10cm，带宝剑头。

（2）前中线在原来的基础上外扩6cm。

（3）双排扣第一个扣位在胸省上尖点向左量2.5cm。第二、第三排扣位平行，外侧扣位从前中线向内量取1.5cm，并以原来前中线为对称线画对称扣位。

（4）袖子绘制与两片袖相同。

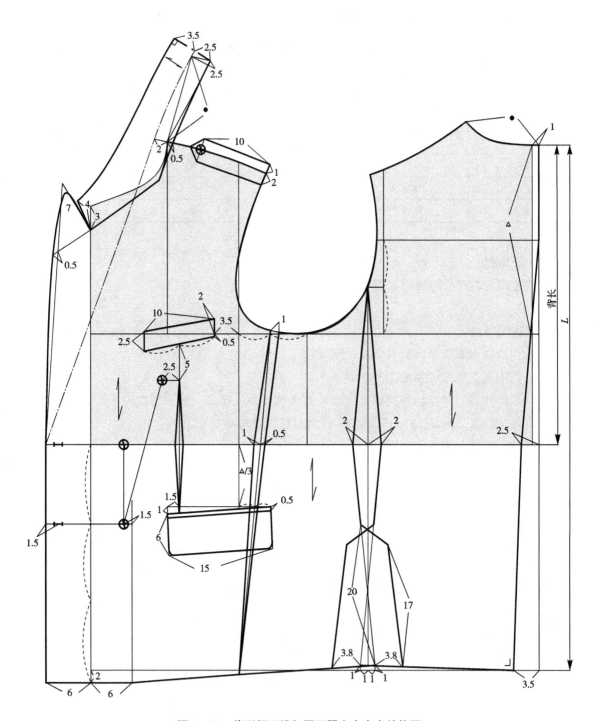

图 6 – 35   戗驳领双排扣男西服上衣衣身结构图

第七章　西服马甲制板实例

西服马甲指的是与衬衫、西服上衣搭配穿着的马甲，多为紧身廓型，衣长在腰围线以下臀围线以上。考虑到马甲外面要搭配西装穿着，其领型不宜设计太复杂；由于要达到紧身廓型，故衣身上的省道和分割线较复杂。在面料选择上，马甲一般与西服上衣的质地、色泽保持一致，后片可用与面料色泽一致的里料来制作。

由于马甲多属于无袖无领款式，廓型和规格又变化不大，因而本章主要采用原型法来制图。马甲款式相似，在领型、底摆、前片分割、扣位、口袋等处可做细节设计。

马甲多为在衣身结构图基础上变化设计，故本章采用原型法来绘图。女装采用日本文化式原型上衣，号型为160/84A；男装采用第三代男装原型，号型为170/88A。

第一节　单嵌线四粒扣刀背缝女马甲

一、款式及规格

本款马甲为基本款曲线分割女马甲，如图7-1所示。四粒扣，尖角底摆，左胸有一个单嵌线口袋，腰部两个单嵌线口袋，后中分割，无衩。前后衣身均用面料制作。领口、门襟、尖角底摆均用明线装饰、固定。

图7-1　单嵌线四粒扣刀背缝女马甲款式图

单嵌线四粒扣刀背缝女马甲规格见表7-1。

表7-1 单嵌线四粒扣刀背缝女马甲规格表　　　　　单位：cm

部位	155/80A	160/84A	165/88A	档差
衣长（L）	46.5	48.5	50.5	2
胸围（B）	85	89	93	4
腰围（W）	68	72	76	4
摆围（H）	82	86	90	4

二、结构图

结构图如图7-2所示。

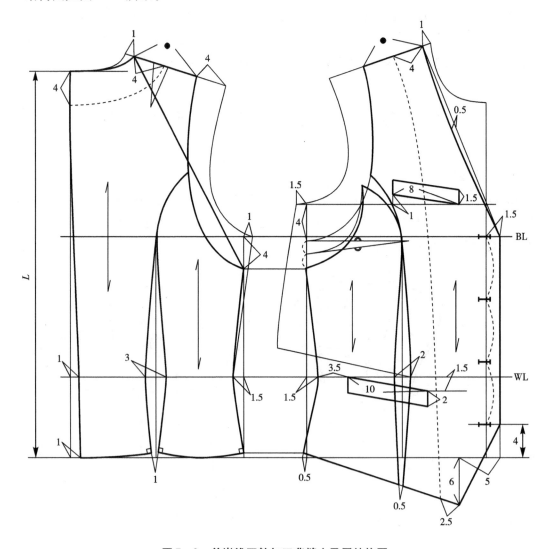

图7-2 单嵌线四粒扣刀背缝女马甲结构图

三、制图要点

（1）在原型基础上前胸围内收 1.5cm，后胸围内收 1cm，达到成品胸围 89cm。

（2）前后领开宽 1cm，后肩内收 4cm 定后肩长，以后肩长定前肩长。

（3）曲线分割在底摆处留 0.5~1cm 的分割量，以保证马甲底摆合体。

（4）由于马甲一般为紧身款，故前后 BL 差量达到最大值 3.5cm。

（5）前后袖窿均向下挖深 4cm，前片腋下省一部分转移至袖窿来绘制刀背缝，一部分采用直接下挖的方式画顺。

（6）单嵌线大袋在 WL 处定位。左胸袋 BL 处定位。上口袋取 1.2~1.5cm，下口袋取 2~2.5cm。

（7）第一粒扣在 BL 上，最后一粒扣在衣长线向上取 4cm，中间三等分来确定眼位。

第二节　腰线分割对襟单粒扣女马甲

一、款式及规格

本款马甲为腰部分割对襟女马甲，如图 7-3 所示。前中两粒装饰扣，采用挂钩形式固定前中，领型采用仿青果领造型的翻驳领，领上端与肩线缝合在一起固定，驳领止口采用嵌条装饰使领部呈现出立体感。腰缝横向分割，袋盖装在分隔缝中，袋盖可采用条纹面料来制作。前底摆采用尖角设计，使马甲呈现干练风格，与领型呼应。

图 7-3　腰线分割对襟单粒扣女马甲款式图

腰线分割对襟单粒扣女马甲规格见表 7-2。

表7-2　腰线分割对襟单粒扣女马甲规格表　　　　　　单位：cm

部位	155/80A	160/84A	165/88A	档差
衣长（L）	46	48	50	2
胸围（B）	88	92	96	4
腰围（W）	70	74	78	4
摆围（H）	86	90	94	4

二、结构图

结构图如图7-4所示。

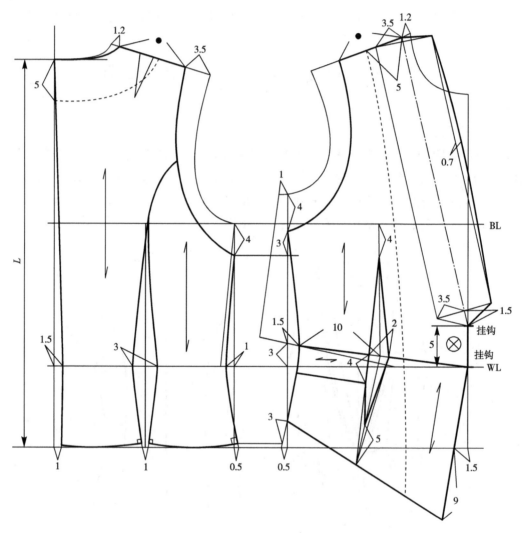

图7-4　腰线分割对襟单粒扣女马甲结构图

三、制图要点

（1）前片胸围内收1cm，也可前后片胸围均收0.5cm。

（2）前后领开宽1.2~1.5cm，后肩收进3.5cm。

（3）由于本款为前胸无省、无分割线款式，且又要保证其修身效果，故前后BL差量可在前侧缝底端直接上抬，同时WL也相应上抬此差量大小，以保证前后侧缝等长，保持衣身平衡。

（4）由于前底摆为斜向尖角止口，故前腰省方向应与门襟止口保持平行。

（5）驳头领宽取3.5cm，领外口与翻折线平行设计驳头，采用对称法绘制驳头，驳头微外凸。

（6）前腰省设计好后，在腰线处进行横向分割，将袋口嵌在腰线中。

第三节　双排扣翻领双嵌线女马甲

一、款式及规格

本款马甲为双排扣女马甲，如图7-5所示。共四粒扣，折线底摆，双嵌线挖袋。翻驳领自颈肩点翻折，只保留了一般翻驳领中的驳头部位。双排扣马甲胸围放松量较大，属于宽松款的马甲。

图7-5　双排扣翻领双嵌线女马甲款式图

双排扣翻领双嵌线女马甲规格见表7-3。

表7-3　双排扣翻领双嵌线女马甲规格表　　　　单位：cm

部位	155/80A	160/84A	165/88A	档差
衣长（L）	46	48	50	2
胸围（B）	90	94	98	4
腰围（W）	74	78	82	4
摆围（H）	90	94	98	4

二、结构图

结构图如图 7 – 6 所示。

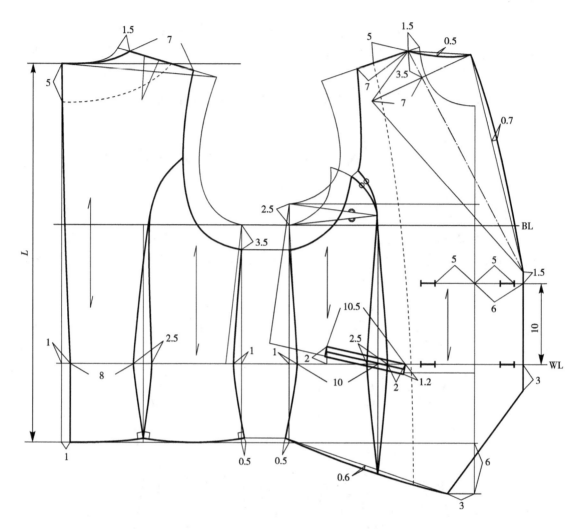

图 7 – 6　双排扣翻领双嵌线女马甲结构图

三、制图要点

（1）前后领在原型版颈肩点处向外开宽 1.5cm，两肩长取定值 7cm。

（2）此款马甲偏宽松，底摆处余量也较大，分割线底端直接聚合，不留余量。前后 BL 差量取 2.5cm 即可，全部通过转省转移到袖窿处，以绘制刀背缝。

（3）双排扣搭门量取 6 ~ 8cm，两粒扣眼位距离取 10 ~ 12cm，上下眼位距翻折止点和底摆折线止点分别为 1.5cm 和 3cm。

（4）驳领采用对称法绘制，驳头宽定为 7cm，上凹外凸设计。

第四节　双分割线三粒扣女马甲

一、款式及规格

本款马甲为双分割线女马甲，如图 7 –7 所示。领部和前门襟止口、前底摆用拼接条作为装饰，呈现出多层次的感觉。前衣身采用双曲线分割，靠近前中的分割线完美融合在腰线横向分割缝中。后片采用直线分割和曲线分割结合的方式，直线分割也融合在腰线横线分割缝中。后腰有装饰腰带拼接，也可覆腰襻做装饰。

图 7 –7　双分割线三粒扣女马甲款式图

双分割线三粒扣女马甲规格见表 7 –4。

表 7 –4　双分割线三粒扣女马甲规格表　　　　　　　　　　　　　单位：cm

部位	155/80A	160/84A	165/88A	档差
衣长（L）	48	50	52	2
胸围（B）	90	94	98	4
腰围（W）	74	78	92	4
摆围（H）	88	92	96	4

二、结构图

结构图如图7-8所示。

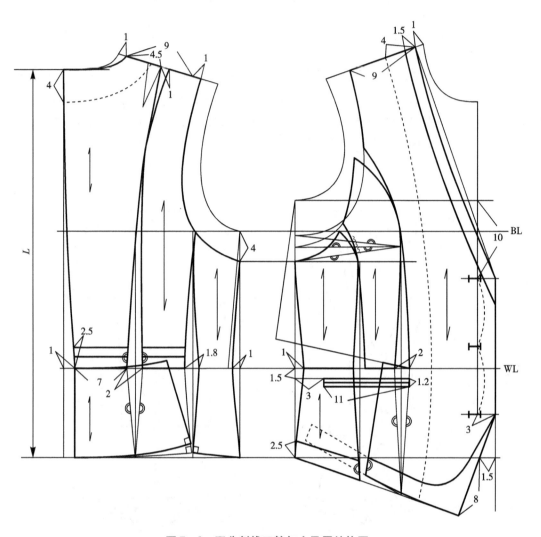

图7-8 双分割线三粒扣女马甲结构图

三、制图要点

（1）后肩长取9cm，直线分割上开口取1cm，在后肩长补齐，以保证前后肩长等长。

（2）后片有直线分割和刀背分割，直线分割在WL以下的臀腰省合并转移至腰线，使后中片成为一片式造型。另有后腰襻装饰，可拼接也可覆在后中片上层。

（3）前片有两个曲线分割，将前后BL差量3.5cm分两次转移至前袖隆，以绘制两个刀背缝曲线。小刀背缝处需要采用缩缝方式消减掉第一次转省后的差量。

（4）大刀背缝下端的臀腰省转移至腰线，使前中片下端合并为一片。

（5）领部内凹，分割出领条装饰。下摆分割出底摆装饰条。此两处装饰条可采用异色面料拼接或者做双层立体设计。

第五节　腰部收褶公主线女马甲

一、款式及规格

本款马甲为腰部带褶裥女马甲，如图7－9所示。衣身前片采用直线分割，在腰部设计碎褶作为装饰，褶完美融合在分割缝中。

图7－9　腰部收褶公主线女马甲款式图

腰部收褶公主线女马甲规格见表7－5。

表7－5　腰部收褶公主线女马甲规格表　　　　　　　　单位：cm

部位	155/80A	160/84A	165/88A	档差
衣长（L）	46	48	50	2
胸围（B）	87	91	95	4
腰围（W）	70	74	78	4
摆围（H）	82	86	90	4

二、结构图

结构图如图7－10所示。

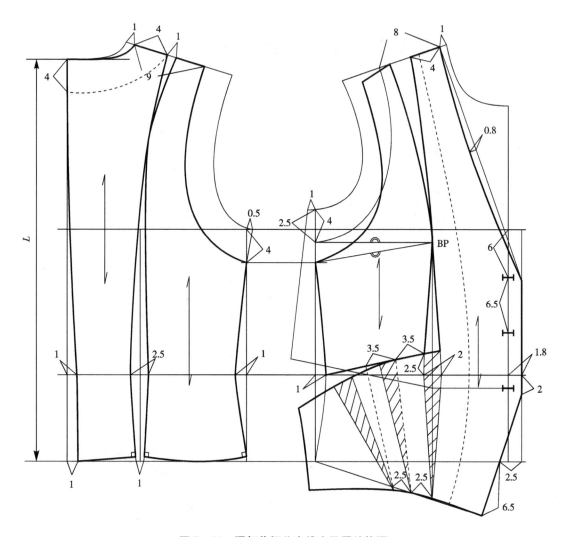

图7-10 腰部收褶公主线女马甲结构图

三、制图要点

（1）后片为直线分割，分割线开口取 1~1.5cm，在后肩长补齐。

（2）此款为适体款马甲，前后 BL 差量取 2.5cm 即可。腋下省合并转移至前肩部位。

（3）在 WL 上设计斜向分割，采用剪切加量方式将前中下片展开，在斜向分割线处收褶或者裥均可，底摆不加量。

（4）在 BL 下 6cm 定第一粒扣，扣距取 6.5cm 定眼位。

（5）前腰吸腰量可大于等于后腰吸腰量，以保证上衣为"后包前"形式。

（6）前领线内凹，前底摆内凹。

第六节　圆止口变化分割女马甲

一、款式及规格

本款马甲为变化分割女马甲，如图7 – 11所示。单排两粒扣，前片采用曲线分割与腰省结合的方式，后片采用领部分割与曲线分割结合的方式。采用西服上衣的袋盖与驳头设计，驳头止口采用异色嵌条装饰，是一款完美的外穿女马甲。

图7 –11　圆止口变化分割女马甲款式图

圆止口变化分割女马甲规格见表7 –6。

表7 –6　圆止口变化分割女马甲规格表　　　　　　　　　　单位：cm

部位	155/80A	160/84A	165/88A	档差
衣长（L）	52	54	56	2
胸围（B）	88	92	96	4
腰围（W）	70	74	78	4
摆围（H）	86	90	94	4

二、结构图

结构图如图 7 – 12 所示。

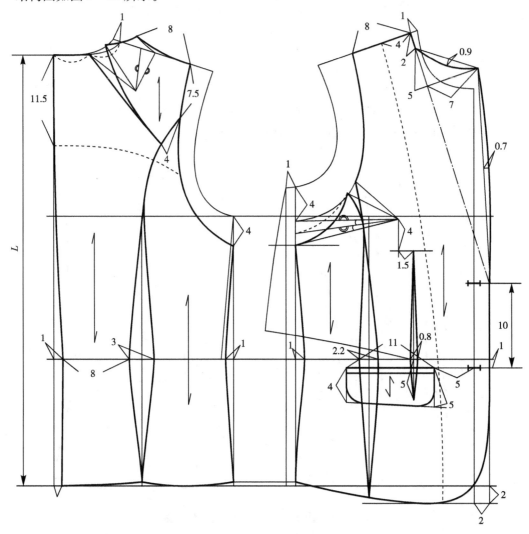

图 7 – 12　圆止口变化分割女马甲结构图

三、制图要点

（1）后片肩胛省转移至后领，由后领向袖窿部位设计肩部分割线。

（2）前片腋下省可分两部分，一部分转移至袖窿，一部分直接挖深画顺袖窿。

（3）前腰省设置不可太大，取 0.8 ~ 1.2cm。下省尖不可超过袋盖。

（4）驳领采用对称法绘制，上凹下凸。

（5）底摆采用圆角止口，袋盖与其呼应，也采用圆角设计。

第七节　领部曲线分割装饰假口袋女马甲

一、款式及规格

本款马甲为变化曲线分割女马甲，如图 7 – 13 所示。底摆采用西服上衣的圆角止口。曲线分割自领口设计曲线，腰部横向分割，加装饰明线，视觉上呈现出假口袋袋盖样式，此处也可挖真口袋，缉缝明线时衣身上沿分割线缉缝，口袋处只缉袋盖即可。

图 7 – 13　领部曲线分割装饰假口袋女马甲款式图

领部曲线分割装饰假口袋女马甲规格见表 7 – 7。

表 7 – 7　领部曲线分割装饰假口袋女马甲规格表　　　　单位：cm

部位	155/80A	160/84A	165/88A	档差
衣长（L）	46	48	50	2
胸围（B）	86	90	94	4
腰围（W）	69	73	77	4
摆围（H）	82.8	86.8	90.8	4

二、结构图

结构图如图 7-14 所示。

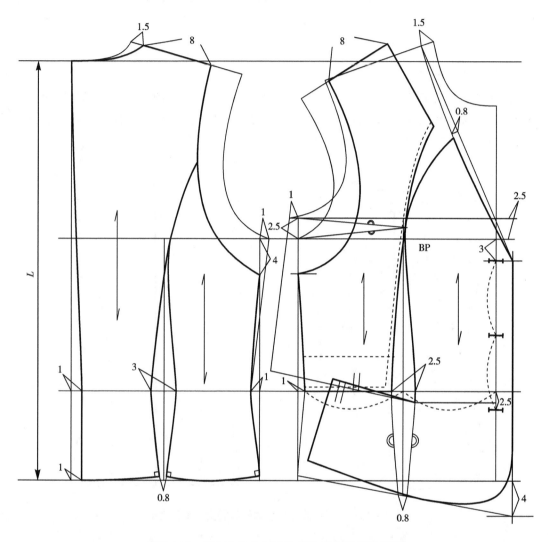

图 7-14 领部曲线分割装饰假口袋女马甲结构图

三、制图要点

（1）前后 BL 差量转移至前领弧线中点处，画曲线分割。

（2）前片曲线分割 WL 以下臀腰省转移至腰节线，呈现前下片一体式。

（3）BL 以下 3cm 定第一粒扣，WL 以下 2.5cm 定最后一粒扣，中间等分定第二粒扣。

（4）分割线缝合后缉明线至腰部横向分割线，口袋位为假口袋，以缉明线装饰。

第八节　波浪底摆腰部拼接宽松女马甲

一、款式及规格

本款马甲为裙摆式女马甲，如图 7 - 15 所示。腰部横向分割，前片只有腰省，后片曲线分割。腰缝以下为裙摆式底摆，前片收两个裥（倒向侧缝），后片收一个裥（倒向侧缝），后中收一个暗裥。此款马甲飘逸活泼，适合非正式场合外穿。

图 7 - 15　波浪底摆腰部拼接宽松女马甲款式图

波浪底摆腰部拼接宽松女马甲规格见表 7 - 8。

表 7 - 8　波浪底摆腰部拼接宽松女马甲规格表　　　　　单位：cm

部位	155/80A	160/84A	165/88A	档差
衣长（L）	51	53	55	2
胸围（B）	86	90	94	4
腰围（W）	89	73	77	4
摆围（H）	103	111	119	8

二、结构图

结构图如图 7 - 16 所示。

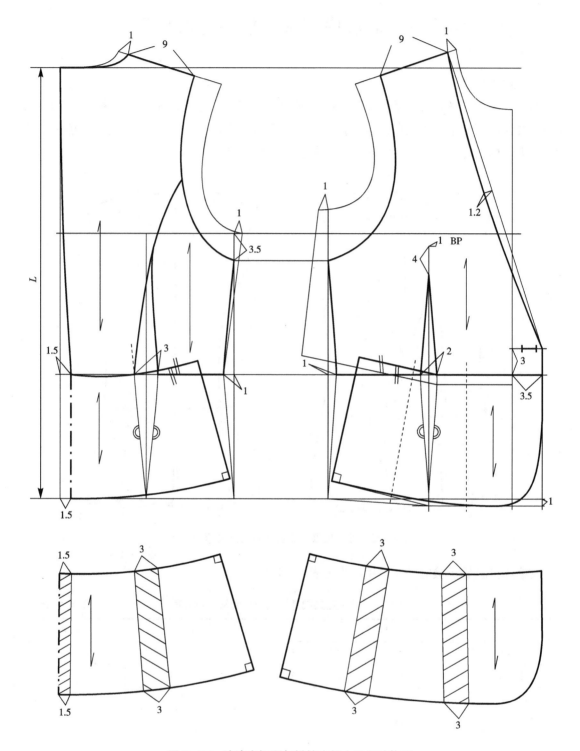

图 7 - 16　波浪底摆腰部拼接宽松女马甲结构图

三、制图要点

（1）前后领开宽1cm，前后肩长取9cm。前后袖窿3.5cm。

（2）前后片刀背缝与省道按照通底摆款式正常绘制，先将臀腰省合并，再剪切加量，以褶的形式处理，后中以暗褶形式处理，前后侧片下的褶均倒向侧缝，褶量均为3cm。

（3）搭门取3.5cm，在WL以上3cm定眼位，眼位不在前中线上。

（4）此款为一粒扣大V领，领线内凹1.2cm。

第九节　小立领多分割线女马甲

一、款式及规格

本款马甲为多分割线女马甲，如图7-17所示。领部保留了西服上衣中翻驳领的领底部分，领与肩部横向分割缝合。前衣身采用直线分割与曲线分割相结合的方式，后片采用领部直线分割和曲线分割相结合的方式，后腰部有腰襻作为装饰。

图7-17　小立领多分割线女马甲款式图

小立领多分割线女马甲规格见表7-9。

表7-9　小立领多分割线女马甲规格表　　　　　　　　单位：cm

部位	155/80A	160/84A	165/88A	档差
衣长（L）	48	50	52	2
胸围（B）	86	90	94	4
腰围（W）	66	70	74	4
摆围（H）	83	87	91	4

二、结构图

结构图如图 7－18 所示。

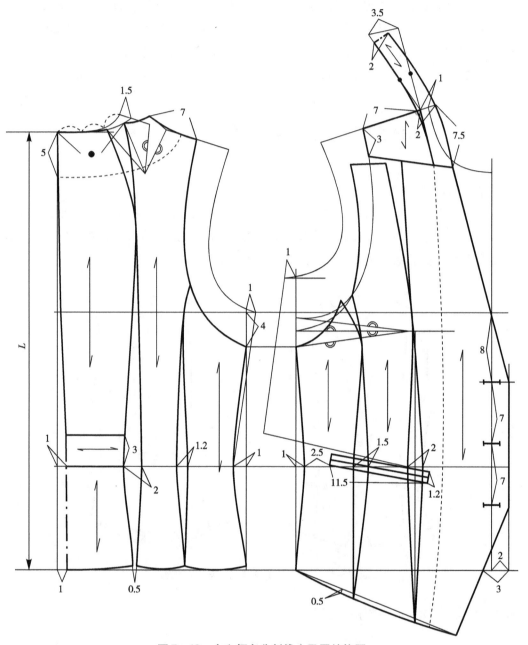

图 7－18 小立领多分割线女马甲结构图

三、制图要点

（1）前后领开宽 1cm，肩长取 7cm。

（2）肩胛省转移至领部，以此画顺后片直线分割。由于是马甲，无袖款式，故后中线和直线分割在 BL 处的消减量可忽略不计，不用补齐。

（3）后腰襻和后中下片为对折一片式款式。

（4）前领在衣身上直接按西装领领底画出领条即可。倒伏量取3.5cm，领高2cm。

（5）前肩片分割线设计后，前领条嵌在分割缝中。

第十节　双排扣男马甲

一、款式及规格

此款为四开身男马甲，其款式图如图7－19所示。领子为V字领，双排六粒扣，收腰，前胸左侧有手巾袋，左右为双嵌线口袋，后背有腰带。

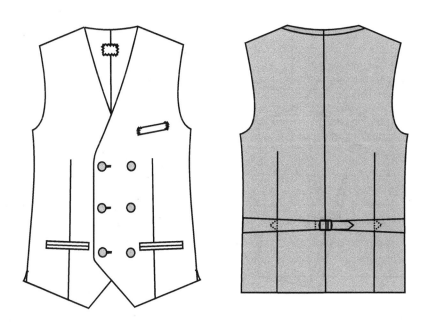

图7－19　双排扣男马甲款式图

双排扣男马甲规格见表7－10。

表7－10　双排扣男马甲规格表　　　　　　　　单位：cm

部位	165/84A	170/88A	175/92A	档差
衣长（L）	51	53	55	2
胸围（B）	94	98	102	4
背长	41	42	43	1

二、结构图

此款男马甲的结构图如图7－20所示。

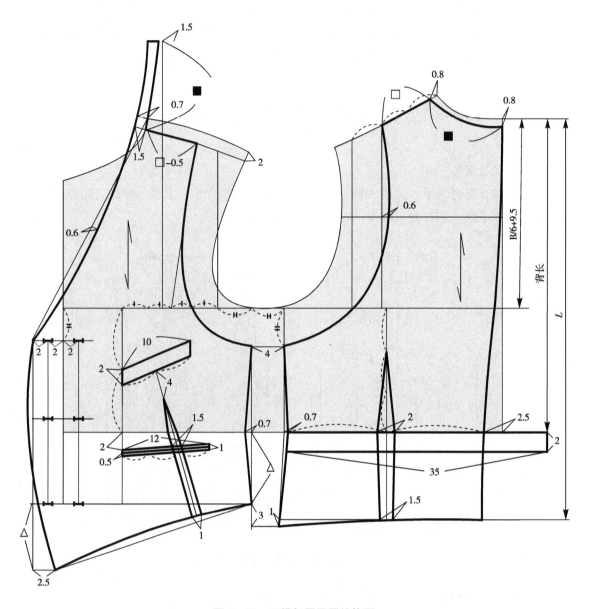

图 7 - 20 双排扣男马甲结构图

三、制图要点

（1）男马甲的制图是在男装标准基本纸样的基础上绘制，后片肩斜线的后领肩点是在原来标准纸样的后领肩点基础上内收 0.8cm，后片肩端点是在原背宽线与肩斜线交点到原后领肩点的三等分点上。

（2）前后袖窿深下挖胸宽线与侧缝线距离的一半。

（3）后片为宝塔省，省宽 2cm，省底宽 1.5cm。

（4）前片肩斜线在原来的肩斜线的基础上向下平移 2cm，长度为后肩斜线减 0.5cm。

（5）后领底座宽 1.5cm，长为后领窝线长。

（6）双排扣两个扣位之间相距4cm。

（7）前片的省中线在手巾袋下底线的中点与双嵌线口袋三等分点的连线上，省底宽1cm。

（8）后背腰带长35cm，宽2cm。

第十一节 单排扣插袋男马甲

一、款式及规格

此款为四开身收腰男马甲，其款式图如图7-21所示。领子为V字领，四粒扣，收腰，左右两边单嵌线口袋，后背有腰带。

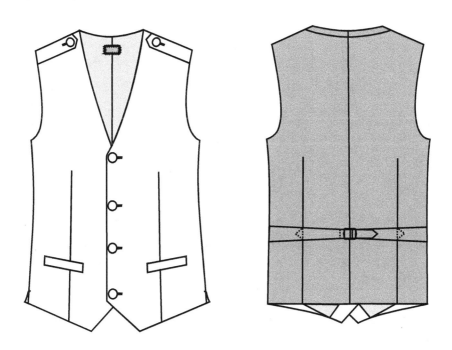

图7-21 单排扣插袋男马甲款式图

单排扣插袋男马甲规格见表7-11。

表7-11 单排扣插袋男马甲规格表　　　　　　　　　单位：cm

部位	165/84A	170/88A	175/92A	档差
衣长（L）	51	53	55	2
胸围（B）	94	98	102	4
背长	41	42	43	1

二、结构图

此款男马甲的结构图如图 7－22 所示。

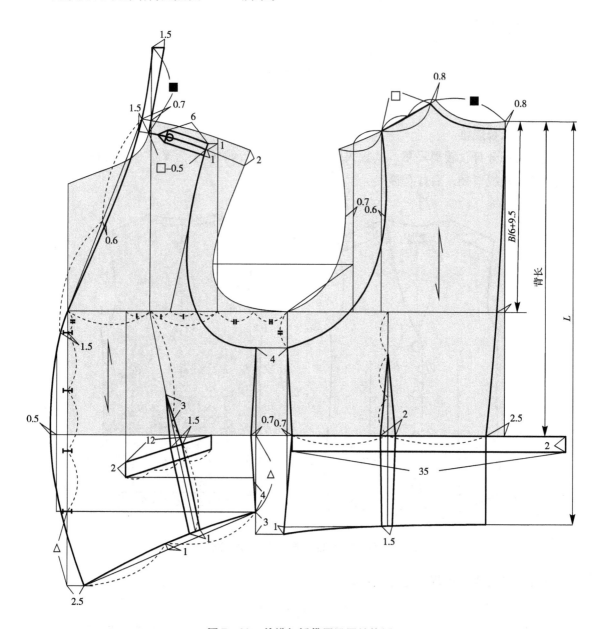

图 7－22　单排扣插袋男马甲结构图

三、制图要点

（1）基本制图步骤与前款马甲相同。

（2）单嵌线口袋宽 2cm，长度确定是在嵌线上端点向腰节线上量取 12cm，为口袋长。

（3）前片省中线是前颈点垂线与胸围线的交点与单嵌线口袋三等分点的连线。

（4）前中心线在原中心线基础上外放 1.5cm。

第十二节　单排扣多分割男马甲

一、款式及规格

此款为六开身收腰男马甲，其款式图如图7-23所示。领子V字领，四粒扣，收腰，前衣身左右两边有单嵌线口袋，口袋边缘做直通肩部的分割，后片有刀背缝。

图7-23　单排扣多分割男马甲款式图

单排扣多分割男马甲规格见表7-12。

表7-12　单排扣多分割男马甲规格表　　　　单位：cm

部位	165/84A	170/88A	175/92A	档差
衣长（L）	51	53	55	2
胸围（B）	94	98	102	4
背长	41	42	43	1

二、结构图

此款男马甲的结构图如图7-24所示。

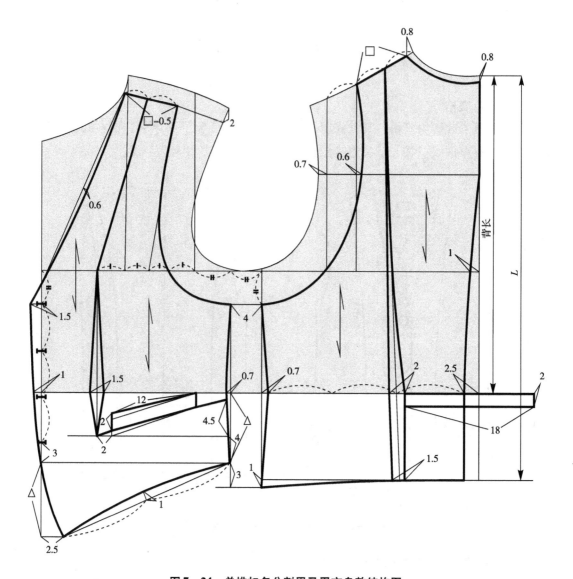

图 7 – 24　单排扣多分割男马甲衣身款结构图

三、制图要点

（1）后片刀背缝以收省的形式处理，省中线为后肩斜线的第一等分点与后腰节线第一等分点的连线，腰节线出的省宽为2cm，底摆处的省宽为1.5cm。

（2）前片分割线从前肩斜线的中点经过胸省道口袋下边缘直到侧缝。

（3）后背腰带宽2cm，长18cm。

第十三节　单排扣翻袋男马甲

一、款式及规格

此款为四开身 V 领男马甲,其款式图如图 7 – 25 所示。领子 V 字领,四粒扣,收腰,前衣身左右两边有单嵌线翻袋。

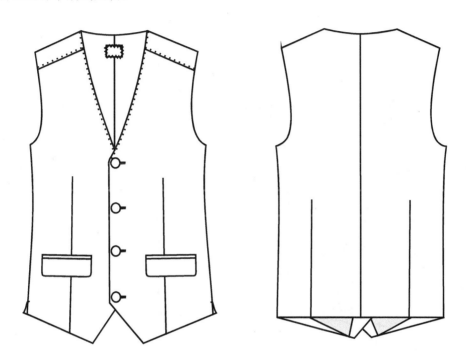

图 7 – 25　单排扣翻袋男马甲款式图

单排扣翻袋男马甲规格见表 7 – 13。

表 7 – 13　单排扣翻袋男马甲规格表　　　　　　单位:cm

部位	165/84A	170/88A	175/92A	档差
衣长 (L)	51	53	55	2
胸围 (B)	94	98	102	4
背长	41	42	43	1

二、结构图

此款男马甲的结构图如图 7 – 26 所示。

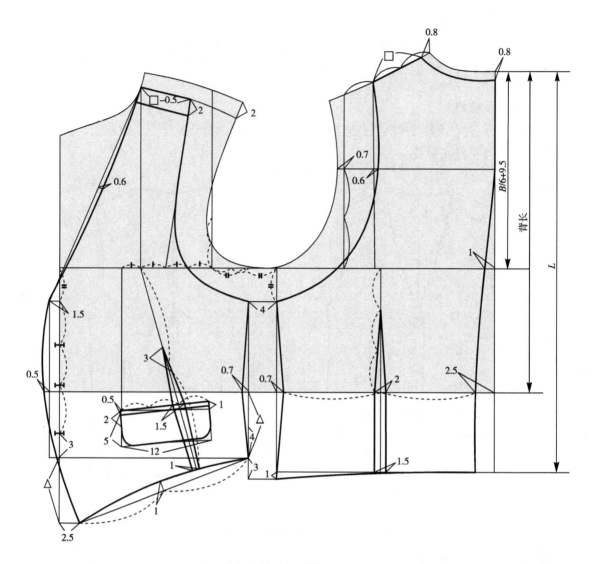

图 7－26　单排扣翻袋男马甲结构图

三、制图要点

（1）从前肩斜线向下平移 2cm，做肩部分割。

（2）翻袋长 12cm，宽 5cm。

第八章　风衣制板实例

风衣由西方传入我国，最开始是穿着在西服上衣外的长款外套，其衣长在膝围线上下。为了满足步行方便的需求，后中多有背衩设计，多为秋冬款，内有衬里。男风衣多为 H 廓型，在领、搭门、过肩处可做变化。女风衣款式变化较多，在廓形上多为收腰的 X 廓型，也可为 H 廓型，在分割线上变化也比较多，在领型、口袋、门襟、底摆、口袋处均可做相应设计。由于风衣常于秋冬季节穿着在西服上衣之外，故多采用羊毛粗纺呢面料制作。在结构设计方面，放松量设计上一般比较大，有时还要有缝制工艺消减量的设计。本章选取几款具有代表性的男女风衣进行制板讲解。

第一节　公主线立领女风衣

一、款式及规格

本款为公主线立领女风衣，如图 8-1 所示。前衣片有肩部分割，前后衣身为公主线分割。领型为立领变款，前领和前衣片连通，其余部分为立领。两斜插袋在臀围线以上、腰围线以下。前中第一粒扣可见，其余扣用双层门襟隐藏。分割线、领口、门襟止口均用明缉线装饰。

公主线立领女风衣规格见表 8-1。

表 8-1　公主线立领女风衣规格表　　　　　　　　单位：cm

部位	155/80A	160/84A	165/88A	档差
衣长（L）	107	110	113	3
胸围（B）	102	106	110	4
腰围（W）	85	89	93	4
臀围（H）	106	110	114	4
下摆大	136	140	144	4
袖长 SL	58	60	62	2
袖口 CW	14.5	15	15.5	0.5

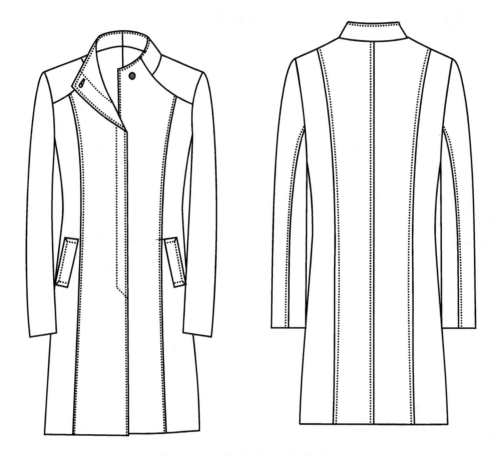

图8-1 公主线立领女风衣款式图

二、结构图

衣身结构图如图8-2所示，袖子结构图如图8-3所示。

三、制图要点

（1）采用原型法制图。前后胸围分别外展2.5cm和3.5cm，以达到成衣胸围。

（2）考虑到风衣内要穿西服上衣，故袖窿下挖2.5cm以满足腋下余量，保证袖子舒适性；前后衣领开宽1.5cm，以满足领部舒适性；后肩端上抬1cm，延长2cm，前肩端上抬0.7cm，延长1.5cm，以保证后肩线略长于前肩线，采用缩缝工艺处理。

（3）后中线和公主线在BL处的消减量在后袖窿底延长补齐，以保证成衣胸围不会缩小。

（4）前衣片肩部斜向分割后，转移腋下省至分割线处，绘制公主线。

（5）立领高取3cm，起翘量取1cm。

（6）袖山高取定值15cm，在合体一片袖基础上，在后袖肥中点处将一片袖分割为大小两袖片。

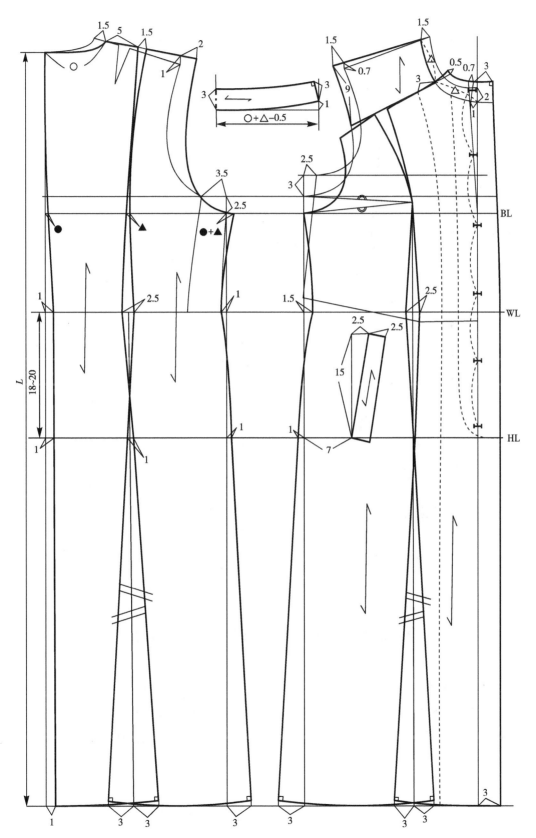

图8-2 公主线立领女风衣衣身结构图

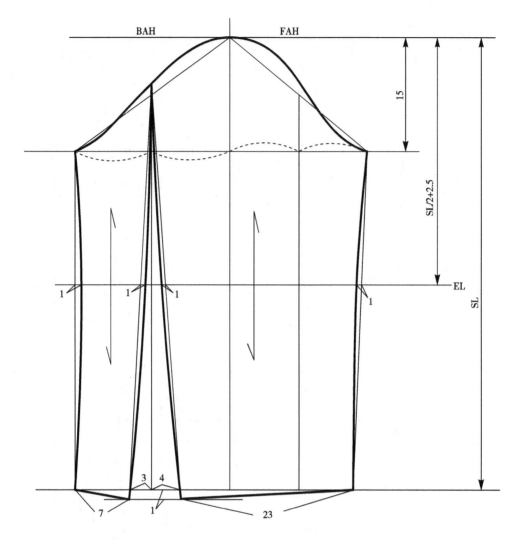

图 8 - 3　公主线立领女风衣袖子结构图

第二节　戗驳领曲线分割女风衣

一、款式及规格

本款为戗驳领曲线分割女风衣，如图 8 - 4 所示。戗驳领，两粒单排扣，曲线分割不通底摆，通侧缝。后中开衩，缉明线。合体两片袖，袖口三粒袖口。领外口、门襟止口缉明线装饰。

图 8 - 4 戗驳领曲线分割女风衣款式图

戗驳领曲线分割女风衣规格见表 8 - 2。

表 8 - 2 戗驳领曲线分割女风衣规格表 单位：cm

部位	155/80A	160/84A	165/88A	档差
衣长（L）	97	100	103	3
胸围（B）	96	100	104	4
腰围（W）	77	81	85	4
臀围（H）	96	100	104	4
下摆围	136	140	144	4
袖长 SL	58	60	62	2
袖口 CW	14.1	14.5	14.9	0.4

二、结构图

衣身结构图如图 8 - 5 所示，袖子结构图如图 8 - 6 所示。

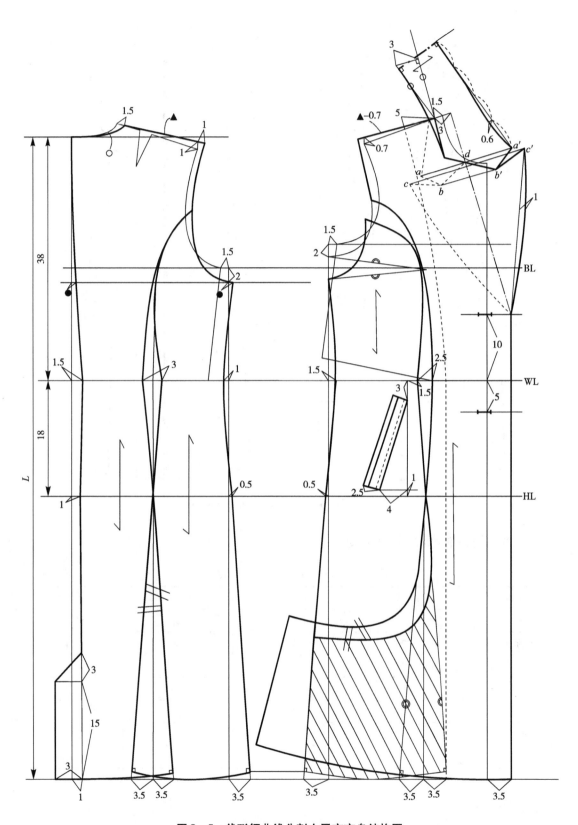

图 8-5　戗驳领曲线分割女风衣衣身结构图

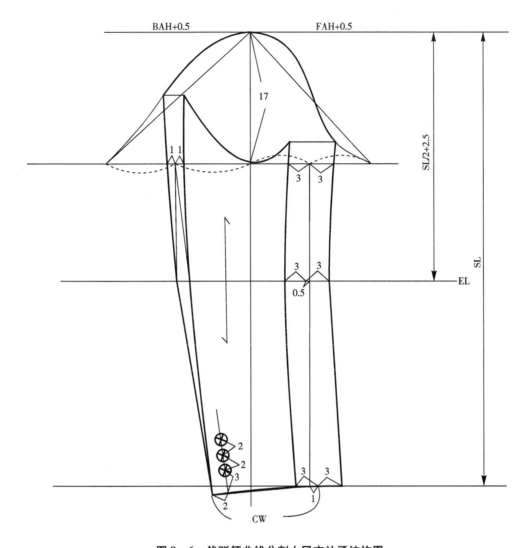

图 8 - 6　戗驳领曲线分割女风衣袖子结构图

三、制图要点

（1）前后片胸围各外展 1.5cm，袖窿深下落 2cm。后肩端点上抬 1cm，延长 1cm，以确定后肩长，前肩端点上抬 0.7cm，以后肩长 - 0.7cm 来确定前肩长。

（2）后中衩在后中线的基础上取宽度 3cm，长度 15～18cm。

（3）前后 BL 差量为 3.5cm，腋下省转移至袖窿处，绘制曲线分割。

（4）在前侧片底部设计通向侧缝的曲线，以臀凸点为中心进行转移，与前中下片合并为一片。

（5）领型采用对称法绘制。领部内凹，驳头外凸。

（6）袖山高取 17cm，绘制合体两片袖。

第三节　肩部拼接偏搭门女风衣

一、款式及规格

　　本款为肩部拼接偏搭门女风衣，如图8－7所示。门襟偏左，由一粒扣固定，其余用暗扣在内层固定。中间有腰带装饰。前衣身为曲线分割至臀围线以上，后片为曲线分割至底摆。肩部有拼接片做装饰。领型为不规则一片式翻领，右侧方领角，左侧内部为小圆领。领外口、门襟止口、大袋口均用明缉线装饰。

图8－7　肩部拼接偏搭门女风衣款式图

肩部拼接偏搭门女风衣规格见表8-3。

表8-3　肩部拼接偏搭门女风衣规格表　　　　　单位：cm

部位	155/80A	160/84A	165/88A	档差
衣长（L）	97	100	103	3
胸围（B）	96	100	104	4
腰围（W）	78	82	86	4
臀围（H）	97	101	105	4
下摆围	114	118	122	4
肩宽（S）	43	44	45	1
袖长 SL	57	59	61	2
袖口 CW	13.6	14	14.4	0.4

二、结构图

结构图如图8-8所示。

三、制图要点

（1）用直接注寸法绘制本图。袖窿深取23.5cm，后领宽取8.5cm，前领宽取8.3cm，前领深取9.5cm。前肩宽内收1.5cm确定后背宽，前肩宽内收2.5cm确定前胸宽。

（2）前搭门取5cm，第一粒扣自前领中点下落5cm，距搭门线2cm。

（3）腋下省转移至前袖窿后，在切点附近外展1cm，在前袖窿底延长1cm。

（4）臀围线以上确定袋口一端，前腰省水平取1cm确定袋口另一端。

（5）领子采用分开制图的方式，领下口线一致，领外口线"右侧"为方角领，左侧领角被右领盖住，可设计为小圆领。领高为3cm，翻领高为4.5cm。

（6）袖子制图步骤参考图8-6。

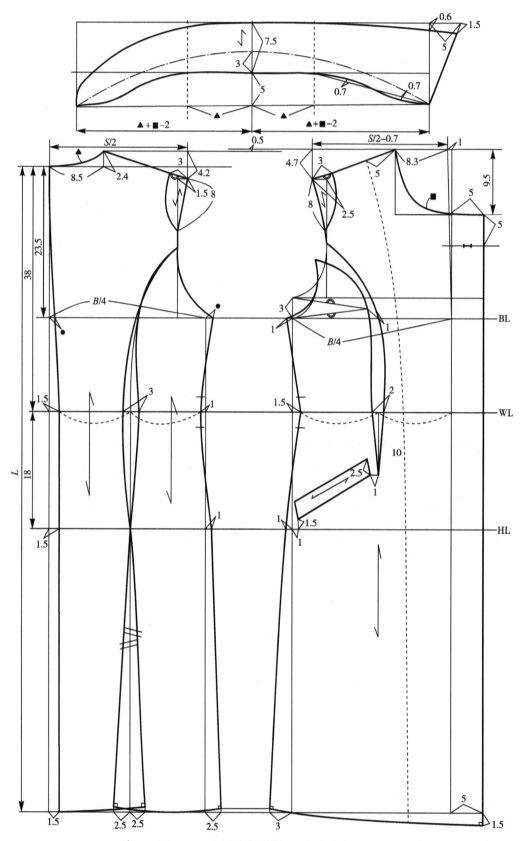

图 8-8　肩部拼接偏搭门女风衣结构图

第四节　企领双排扣女风衣

一、款式及规格

本款为企领双排扣女风衣，如图 8 - 9 所示。衣领为企领变款，增加驳头设计，后领由后领省。双排三粒扣。前衣身为刀背缝和胸省的结合，插袋袋口嵌在曲线分割处。后片为刀背缝，有后中衩。

图 8 - 9　企领双排扣女风衣款式图

企领双排扣女风衣规格见表 8 – 4。

表 8 – 4 企领双排扣女风衣规格表 单位：cm

部位	155/80A	160/84A	165/88A	档差
衣长（L）	103	106	109	3
胸围（B）	100	104	108	4
腰围（W）	82	86	90	4
臀围（H）	98	102	106	4
下摆围	140	144	148	4
肩宽（S）	43	44	45	1
袖长 SL	58	60	62	2
袖口 CW	14.6	15	15.4	0.4

二、结构图

结构图如图 8 – 10 所示。

三、制图要点

（1）采用直接注寸法制图。袖窿深取 23cm，后肩宽内收 1.5cm 确定后背宽，前肩宽内收 2.5cm 确定前胸宽。后领宽取 8.5cm，前领宽在撇胸量 1cm 的基础上取 8.3cm。后肩宽取 S/2，前肩宽取 S/2 – 0.5。

（2）肩胛省取 1～1.5cm，在后肩端点处延长补齐。将肩胛省转移至领部，融合在后领省中。

（3）企领高为 3cm，在转省后的后领线上 3cm 画平行线，使领口拼接处为直角，后中也向外偏移 0.5cm，此目的是加大领上口线，是企领不卡颈部。

（4）前颈肩点延长 1.5cm 确定翻折线位置。

（5）以 WL 上、下 7.5cm 定第一粒扣和第二粒扣，搭门量取 9cm，双排扣扣距水平距离为 14cm。

（6）腋下省转移至袖窿处，在靠近侧缝一遍画刀背缝，两条分割线的长度差量以横胸省的方式收掉。省位置可向下调整至美观即可。

（7）大袋口嵌在刀背缝中，嵌线宽 3cm，袋口大 15cm。

（8）后中衩长 20cm，宽 3cm。

（9）袖制图参考图 8 – 6。

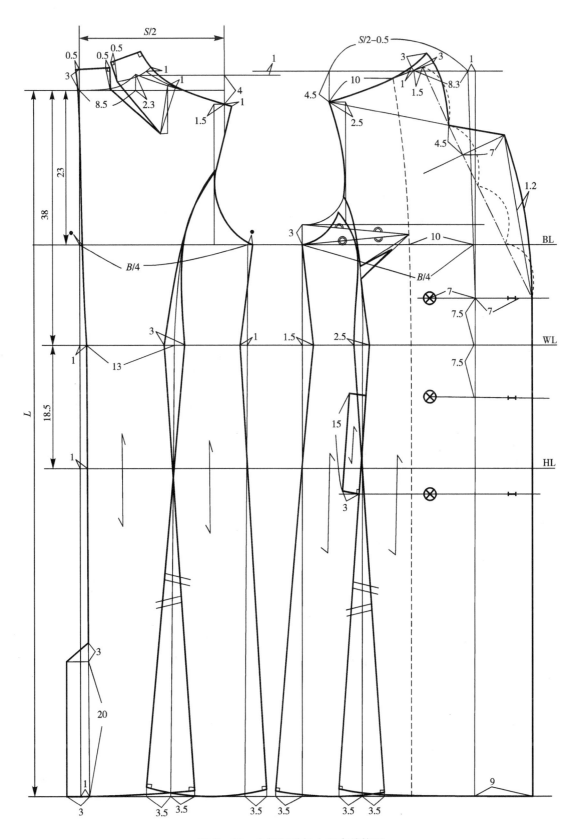

图 8-10 企领双排扣女风衣结构图

第五节　公主线双排扣女风衣

一、款式及规格

本款为公主线双排扣粗纺毛呢女风衣，如图 8 - 11 所示。双排四粒扣，第一粒扣可系上，也可隐藏在领子下面。衣身直线分割。领子采用大小领缝合方式，驳角处有扣眼。后中无分割，有后腰襻，襻上有两粒装饰扣。袖子采用合体两片袖设计，有袖襻，襻上有一粒装饰扣。

图 8 - 11　公主线双排扣女风衣款式图

公主线双排扣女风衣规格见表 8 – 5。

表 8 – 5 公主线双排扣女风衣规格表　　　　单位：cm

部位	155/80A	160/84A	165/88A	档差
衣长（L）	122	125	128	3
胸围（B）	99	103	107	4
腰围（W）	80	84	88	4
臀围（H）	86	90	94	4
下摆大	146	150	154	4
肩宽（S）	39	40	41	1
后背宽 BBW	37	38	39	1
前胸宽 FBW	36	37	38	1
袖长 SL	56	58	60	2
袖口 CW	13.7	14	14.3	0.3

二、结构图

衣身结构图如图 8 – 12 所示。袖子、领子结构图如图 8 – 13 所示。

三、制图要点

（1）由于本款为厚毛呢面料，需考虑工艺上的厚度消减量，消减量在前后中加出来，各取 0.5cm，长度上的消减量在肩线处给出，前后肩线上抬 1cm。

（2）考虑到此款风衣装垫肩，故后肩端点上抬 1cm，前肩端点上抬 0.7cm 作为垫肩厚度的补齐量。

（3）后领宽在西装常用领宽定值 7.8cm 的基础上再开宽 0.7cm，以保证领部的舒适性。

（4）袖窿深在常用西装袖窿深定值 21.5cm 的基础上下落 3cm，以此来定 BL 位置。

（5）为了保证后背有足够松量，后背宽采用 BBW/2 + 1，以保证上衣后包前。

（6）袋口倾斜设计，以方便插入。袋盖圆角设计和领型呼应。

（7）双排扣设计，扣距为 15cm，第一粒扣可系上，也可隐藏在领下。

（8）袖襻宽度为 3.5cm，长度为 14cm，由前袖缝固定，围向后袖缝方向。

（9）大小领制图。先绘制大领，领高取 6cm。小领条宽取 3cm。领下落量取 5cm。

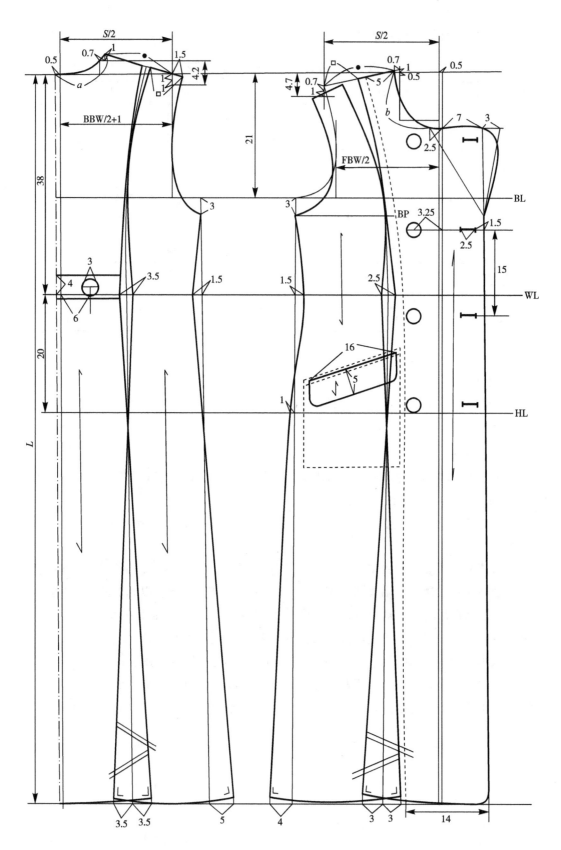

图 8 - 12　公主线双排扣女风衣衣身结构图

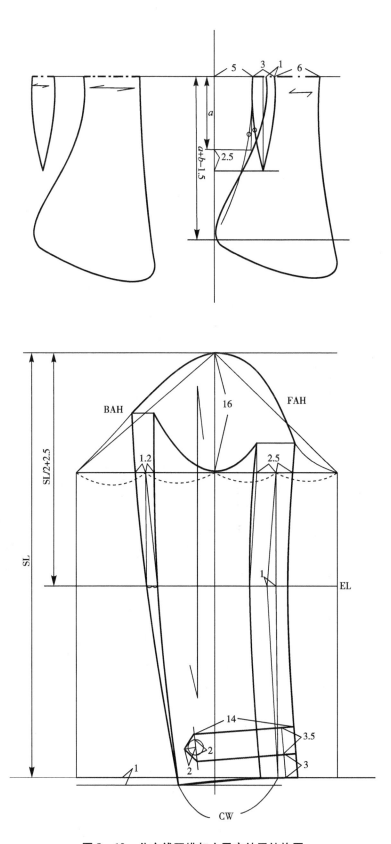

图 8-13 公主线双排扣女风衣袖子结构图

第六节　翻领休闲男风衣

一、款式及规格

此款为四开身男风衣，其款式图如图 8 – 14 所示。领子为一片翻领，暗门襟，收腰，左右为单嵌线翻袋，两片袖，整体风格偏休闲。

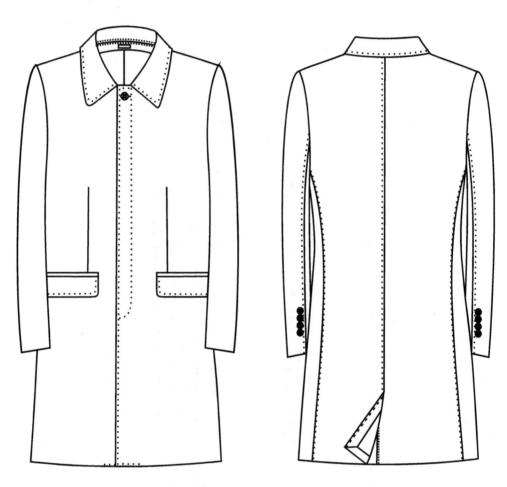

图 8 – 14　翻领休闲男风衣款式图

翻领休闲男风衣规格见表8-6。

表8-6 翻领休闲男风衣规格表 单位：cm

部位	165/84A	170/88A	175/92A	档差
衣长（L）	94	97	100	3
胸围（B）	109	113	117	4
背长	43	44	45	1
肩宽（S）	43.8	45	46.2	1.2
袖长 SL	59	61	63	2
翻领高	7	7	7	0
底领高	3	3	3	0

二、结构图

此款男风衣的衣身结构图如图8-15所示。

三、制图要点

（1）后片开衩起点在腰节线下20cm，宽为4cm。

（2）后片侧颈点上提1cm，肩端点上提1cm，外放0.5cm。

（3）底领高3cm，翻领高7cm，翻领与衣领重合4cm。

（4）暗门襟的下止口在腰节线以下20cm。

（5）袖窿深下挖2.5cm，前后片在标准纸样的基础上往两边外放3.5cm。

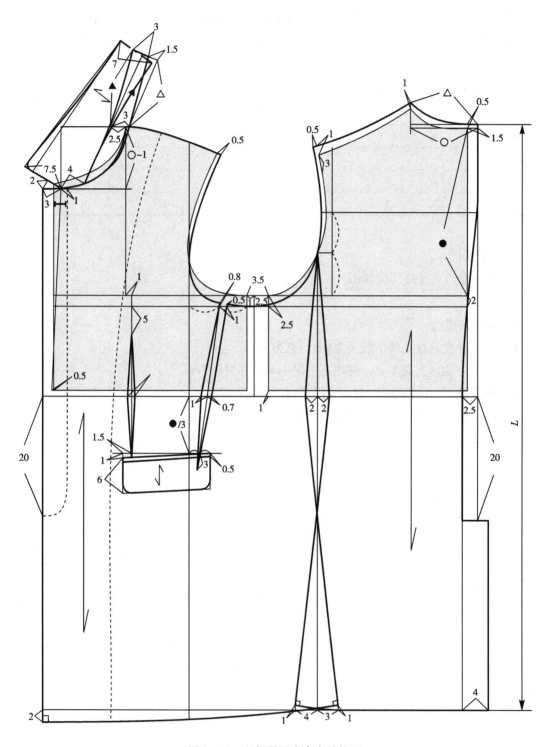

图 8 - 15　翻领男风衣衣身结构图

第七节　平驳领休闲男风衣

一、款式及规格

此款为四开身休闲男风衣，其款式图如图 8 – 16 所示。领子平驳领，两粒扣，微收腰，左胸有手巾袋，左右两边为插袋，两片袖，后有开衩。

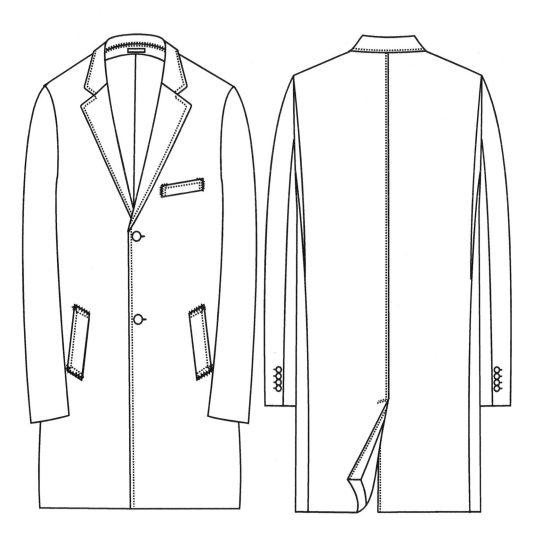

图 8 – 16　平驳领休闲男风衣款式图

平驳领休闲男风衣规格见表 8 – 7。

表 8 – 7 平驳领休闲男风衣规格表　　　　　　　　单位：cm

部位	165/84A	170/88A	175/92A	档差
衣长（L）	94	97	100	3
胸围（B）	109	113	117	4
背长	43	44	45	1
肩宽（S）	43.8	45	46.2	1.2
袖长 SL	59	61	63	2
翻领高	7	7	7	0
底领高	3	3	3	0

二、结构图

此款男风衣的衣身结构图如图 8 – 17 所示，袖子的结构图如图 8 – 18 所示。

三、制图要点

（1）后片肩端点上提 1.5cm，外放 0.5cm。

（2）手巾袋宽 2.5cm，手巾袋横向长 11cm，手巾袋的位置根据前片侧颈点与腰围线的垂线定。

（3）斜插袋的位置定在胸宽线在腰节线以下延线○/3 处。

（4）第一个扣位定在腰节线以上 14cm 处。

（5）袖子的制图步骤跟男西装相同，不同的是风衣袖长为原袖长 +3cm。

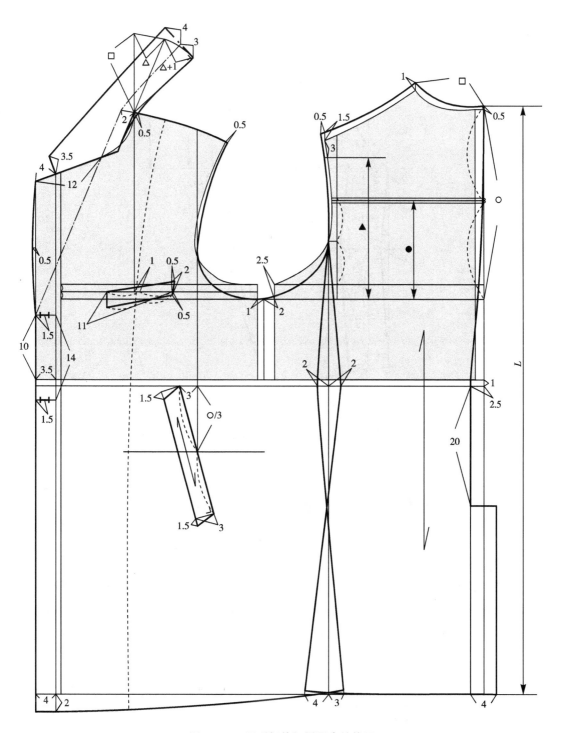

图 8-17 平驳领休闲男风衣结构图

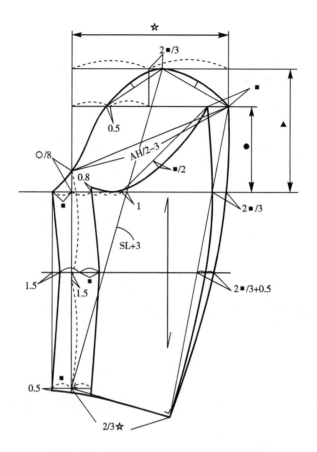

图8-18 平驳领休闲男风衣袖子结构图

第八节 双排扣三片袖休闲男风衣

一、款式及规格

此款为四开身休闲风衣，其款式图如图8-19所示。领子为上下分体翻领，下翻领在衣身的基础上翻折，上翻领采用剪切法进行单独制图，双排三粒扣，收腰，前衣身左右两边为插袋，三片袖，后中线有开衩。

双排扣三片袖休闲男风衣规格见表8-8。

表8-8 双排扣三片袖休闲男风衣规格表 单位：cm

部位	165/84A	170/88A	175/92A	档差
衣长（L）	94	97	100	3
胸围（B）	109	113	117	4
背长	43	44	45	1

续表

部位	165/84A	170/88A	175/92A	档差
肩宽（S）	43.8	45	46.2	1.2
袖长 SL	59	61	63	2
翻领高	7	7	7	0
底领高	3	3	3	0

图 8 - 19　双排扣三片袖休闲男风衣款式图

二、结构图

此款男风衣的后片衣身与三片袖结构图如图 8 - 20 所示，前片衣身、三片袖、领子的结构图如图 8 - 21 所示。

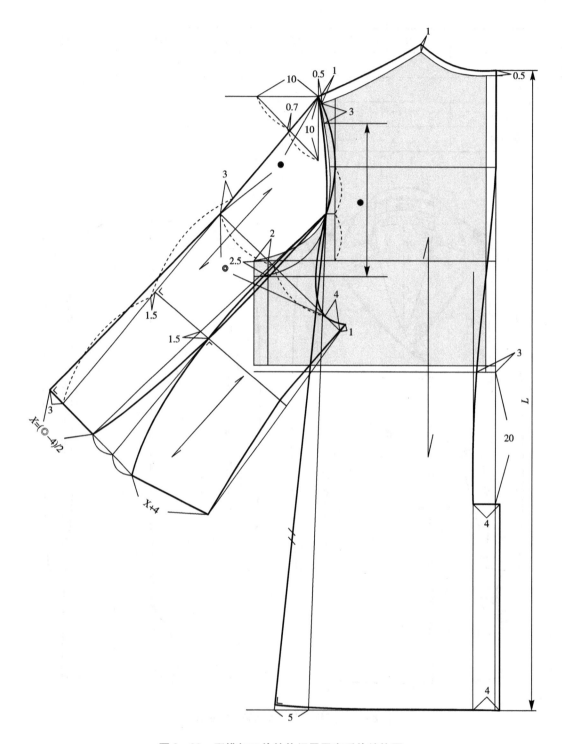

图 8 – 20　双排扣三片袖休闲男风衣后片结构图

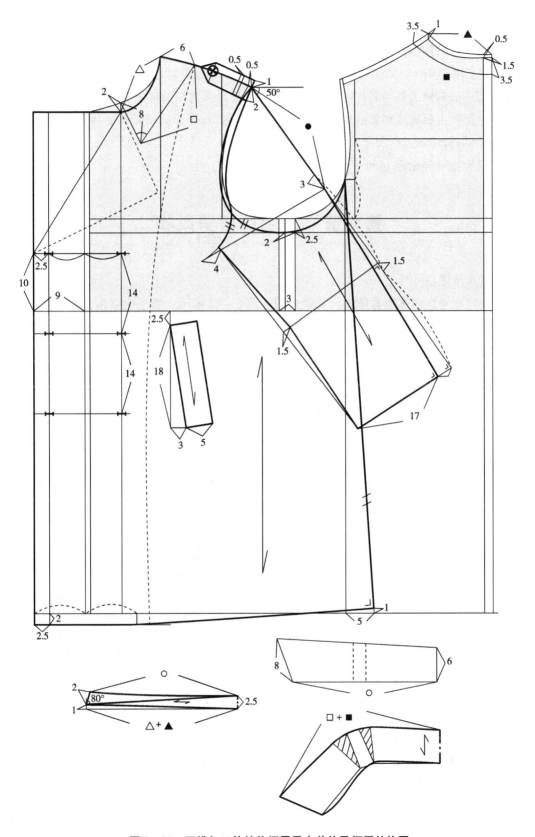

图 8 − 21 双排扣三片袖休闲男风衣前片及领子结构图

三、制图要点

（1）后片袖的袖山高根据后衣身袖窿深来定，后袖片为两片，内袖片的袖肥是在外袖片的袖肥基础上增加4cm，袖肥要外放4cm，以保证能跟前衣身对合。

（2）前片袖的袖山高与后片袖袖山高相等，前袖窿弧线与前袖山弧线相差4cm。

（3）上翻领由领底座和领底面构成，领底座的下弧长等于前领弧与后领弧的总和，宽为2.5cm，领面用剪切法进行制图。

（4）双排扣每排相距14cm，两粒扣之间相距13cm。

第九节　立领休闲男风衣

一、款式及规格

此款为六开身立领休闲男风衣，其款式图如图8-22所示。领子为立领，四粒扣，收腰，前衣身左右两边有袖插袋，衣身后片有过肩，并有腰带，前片左右两片分割不同。

图8-22　立领休闲男风衣款式图

立领休闲男风衣规格见表8-9。

表8-9 立领休闲男风衣规格表 单位：cm

部位	165/84A	170/88A	175/92A	档差
衣长（L）	94	97	100	3
胸围（B）	109	113	117	4
背长	43	44	45	1
肩宽（S）	43.8	45	46.2	1.2
袖长（SL）	59	61	63	2
翻领高	7	7	7	0
底领高	3	3	3	0

二、结构图

此款男风衣的衣身与立领结构图如图8-23所示。

三、制图要点

（1）门襟宽6cm，两扣位之间相距12cm。

（2）斜插袋的位置定在胸宽线在腰节线以下延线○/3处，前片侧缝的分割方法与男西装分割方法一致。

（3）衣身中的分割线如图8-23所示，但也可根据款式的实际特点进行尺寸变化。

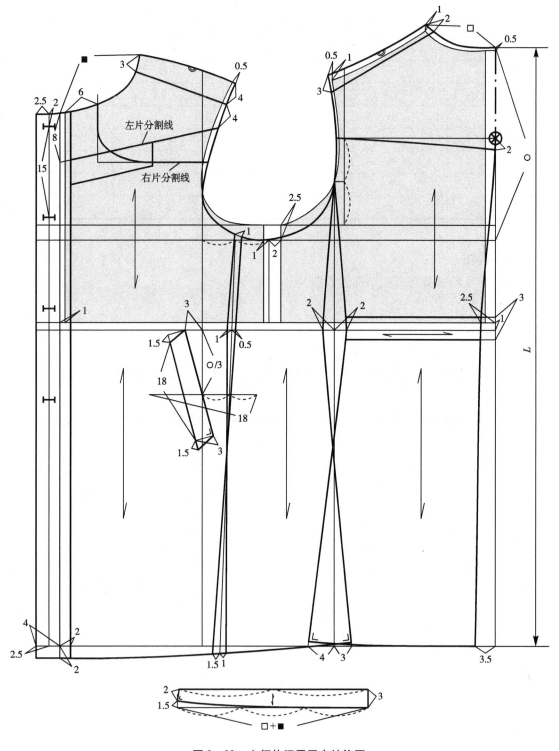

左片分割线

右片分割线

图 8 - 23　立领休闲男风衣结构图

第九章　特体西服套装纸样修正及常见弊病处理

第一节　特体服装结构制图方法及符号

一、制图方法

本书前面几章，所介绍的内容基本都是针对标准体型的结构制图，如果特殊体型的人群穿着正常体型的服装将会出现各种弊病，所以根据特殊体型的具体特征，服装结构样板要在正常体型结构制图的基础上加以变化，以适应特殊体型的穿着要求，采用的具体方法是纸样修正法，这是特体服装制图的基本方法。

各种特殊体型都依据着装者的服装成品尺寸，忽略特殊部位，按照正常体型的结构设计方法绘制出结构图，然后以该纸样为基础，结合特体个性特征，在纸样相关部位进行剪开，作旋转展开或者折叠处理，这种对结构图进行修正的方法称为纸样修正法。本章的结构制图均采用此法。它不仅对于处理特殊体型的裁片具有实用价值，而其对于服装上常出现的结构性弊病的修改也有很重要的指导作用。

二、制图符号

为了制图方便，效果清晰，在本章制图中使用一些特定线条与符号来表示（表9-1）。

表9-1　特殊体型服装制图图线形式及用途

图线名称	图线形式	图线用途
实线	——————	调整前的轮廓线
虚线	— — — — — —	调整后的轮廓线
展开线	1↑▷X	以X为旋转点，沿箭头方向展开1cm
折叠线	1↓▷X	以X为旋转点，沿箭头方向折叠1cm

第二节　特体西服套装纸样修正

一、肩部

肩部对服装的影响比较大，是服装的主要受力部位，所以肩部的裁剪是否恰当，直接关系到服装的整体着装效果。肩部的特征因人而异:男性肩宽且平,锁骨弯曲程度突出,整体浑厚健壮,肩峰端点明显;女性肩较窄,扁且向下倾斜,锁骨弯曲程度较小,肩峰端点不明显;儿童肩窄而薄;老年两肩明显下垂,肩峰前倾,骨骼比较突出。

服装上衣制图中,除正常体外肩部,可分为平肩体、溜肩体、高低肩体和冲肩体四种基本类型。一般用肩斜角度测定和实践经验来判别。正常体的肩斜角度一般为 19°~22°。凡小于 19°者为平肩体,大于 22°为溜肩体,左右肩高低不同者为高低肩。

(一)平肩体

(1)体型特征及着装效果。两肩端平,穿上正常体型的服装时会出现以下现象。

①上衣止口下部豁开。

②外肩端被肩骨顶起,致使两肩出现对称的倒"八"字涟形。

③前胸驳头处荡空,不贴身。

④后领口处涌起,有皱纹出现。

(2)修正方法。根据正常体型结构制图,在袖窿深线处和肩线处做适当调节,调节的具体数据视情况而定。修正步骤如下(图9-1)。

①以正常体尺寸绘制标准纸样。

②根据特殊体型的情况,利用肩斜角度加经验测定法判断修正量,假设1cm。

③肩部以 A 为固定点沿箭头方向向上旋转展开1cm确定新肩线,袖窿深水平抬高1cm,确定新袖窿弧线;其中在调整过程中一定要保证新袖窿弧长与原袖窿弧长相等。

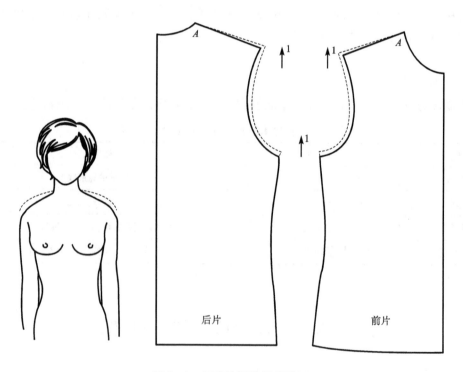

图9-1 平肩体服装纸样修正

（二）溜肩体

（1）体型特征及着装效果。两肩偏斜，呈"个"字形。穿上正常体型的服装时会出现以下现象。

①外肩倾斜，在外肩缝处起空，有塌落的形状，用手指能捏出多余的部分。

②造成驳头处起壳，袖窿出现明显的涟形。

③两侧摆缝垂落，止口有搅盖现象。

（2）修正方法（图9-2）。

①以正常体尺寸绘制标准纸样。

②根据特殊体型的情况利用肩斜角度加经验测定法，判断修正量，假设1cm。

③肩部以 A 点为固定点沿箭头方向向下旋转折叠1cm，袖窿深线相应降低1cm。其中在调整过程中一定要保证新袖窿弧长与原袖窿弧长相等。

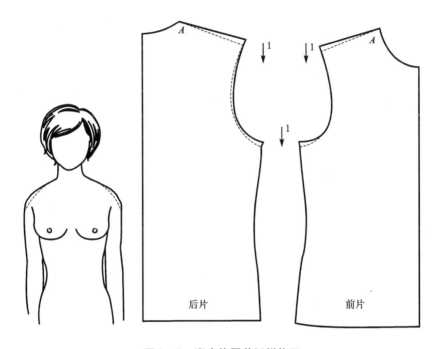

后片　　　　　　　前片

图9-2　溜肩体服装纸样修正

（三）高低肩

（1）体型特征及着装效果。左右两肩高低不一，一肩高另一肩则低落，其中可包括一个肩为正常体或两个肩都不是正常体，穿上正常体型的服装时会出现以下现象。

①两肩不对称，一边肩膀吊起为高的肩，另一边沉落，整件衣服下垂，因为低落肩，前后衣片都产生斜涟现象。

②低肩一边袖子有涟形。

③低肩一边摆缝垂落，止口有搅盖现象。

（2）修正方法（图9-3）。

①以正常体尺寸绘制标准纸样。

②观察体型，左肩正常只修正右肩，判断调节量，假设1cm。

③针对纸样调节，调节方法参见平肩体。

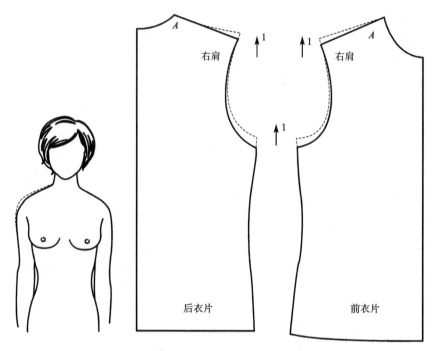

图9-3　高低肩体（右肩高）服装纸样修正

（四）冲肩体

（1）体型特征及着装效果。两肩端向前冲出，肩线弯曲度加大，穿上正常体型的服装时会出现以下现象。

①肩外端有板紧感。

②前胸和袖前部出现涟形。

（2）修正方法（图9-4）。

①绘制正常体的标准纸样。

②前片减小前领宽0.5cm，减小前肩宽0.5cm，降低肩斜线0.5cm。

③后片增大后领宽0.5cm，增大前肩宽0.5cm，抬高肩斜线0.5cm。

④调整袖山弧线及绱袖对位点向前移动0.5cm。

二、胸部

胸部对服装上衣结构制图和缝制工艺的质量有着直接的影响，男性胸部较宽阔，胸肌健壮，凹窝明显；女性胸部较狭窄而丰满，乳腺发达，呈圆锥状隆起，中胸沟、侧胸沟比较明显；老年人胸部平坦，胸肌松弛下垂，乳部皱纹显著；儿童胸部较短而平。人体胸部是服装造型最明显的部位，而且是开放式领型的视觉中心，对于胸部的鉴别可用软尺测量前胸宽和后背宽尺寸进行对比分析。正常体前胸应略宽于后背，当前胸宽大于后背宽3～4cm以上时可称为挺胸体。前胸宽和后背宽接近则为平胸体。

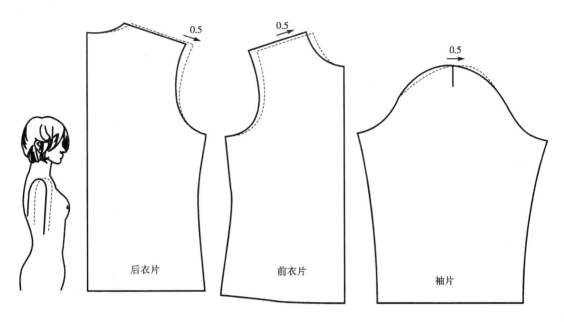

图9-4　冲肩体服装纸样修正

（一）挺胸体

（1）体型特征及着装特点。胸部前凸，身体上部向后倾斜且较直，穿上正常体型的服装时会出现以下现象。

①前胸绷紧。

②前衣片显短，后衣片显长。

③前身起吊，搅止口。

④领口壳开驳头翻折线不顺直，前领起空，后领触脖。

⑤后袖窿被挺起的胸部拉紧，向前移动出现涟形。

（2）修正方法（图9-5）。

①以正常体尺寸绘制标准纸样。

②将前衣片胸围线剪开，以 B 为固定点向上旋转展开1cm左右，后衣片在袖窿深1/2处剪开，以 A 为固定点向下旋转折叠1cm左右。

③将袖片沿袖山高线剪开，以 C 为固定点向下旋转折叠1cm左右，使原袖山中线后移，袖筒后移，最后画顺纸样的外轮廓线。

（二）平胸体

（1）体型特征及着装效果。胸部平挺，身体上部较直，穿上正常体型的服装时会出现以下现象。

①胸部空瘪，有起壳现象。

②前门襟下垂，呈较明显的豁盖现象。

③衣服出现前长后短的现象。

④袖窿起涟，衣服出现 V 形褶皱。

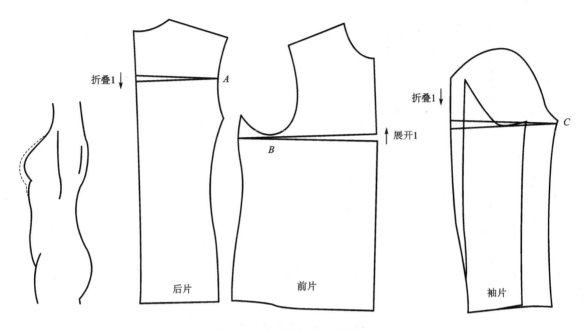

图 9 - 5　挺胸体服装纸样修正

（2）修正方法（图 9 - 6）。

①以正常体尺寸绘制标准纸样。

②将前衣片胸围线剪开，以 A 为固定点向下旋转折叠 1cm 左右。

③将袖片沿袖山高线剪开。以 B 为固定点剪开向上旋转展开 1cm 左右。使原袖山中线前移，袖筒前移，最后画顺纸样的外轮廓线。

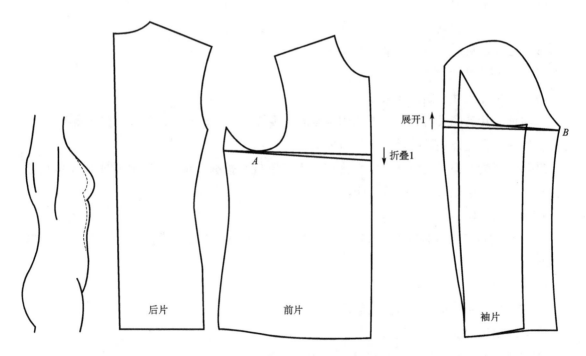

图 9 - 6　平胸体服装纸样修正

三、背部

背部是人体躯干的主要组成部分，它与胸部相对应。由于人体的运动特点，后背造型较为严格，要求它平服舒展，美观大方。

后背特体中常见的体型是驼背体。判断可以先从背面观察肩胛骨的形态及位置，然后测量后背宽尺寸。背宽超过胸宽 3cm 以上的为驼背体。最后通过测量前后腰节长尺寸，结合相关因素对比分析判断出驼背程度。

1. 体型特征及着装效果

颈部和背部向前倾斜，以肩胛骨为中心呈弓形背，背部厚而高，胸部较平坦。驼背体中一部分人是平胸驼背体，这种称为复合型。这里仅指单纯的驼背体，穿上正常体型的服装时会出现以下现象。

（1）后背绷紧，后身吊起，前长后短。

（2）后领口壳开，不与领部服帖。

（3）袖子位置不合体型，前袖口靠住手腕骨，袖子也有涟形。

2. 修正方法（图 9 - 7）

（1）以正常体尺寸绘制标准纸样。

（2）前片袖窿深线和袖窿深线 1/2 处分别剪开，以 A、B 为固定点各向下旋转折叠 0.5cm。

（3）后片以袖窿深线和袖窿深线 1/2HC 线剪开，以 C、E 为固定点各向上旋转展开 0.5cm。

（4）袖片以 FG 线剪开，并以 F 点为固定点向上旋转展开 1cm，最后画顺纸样的外轮廓线。

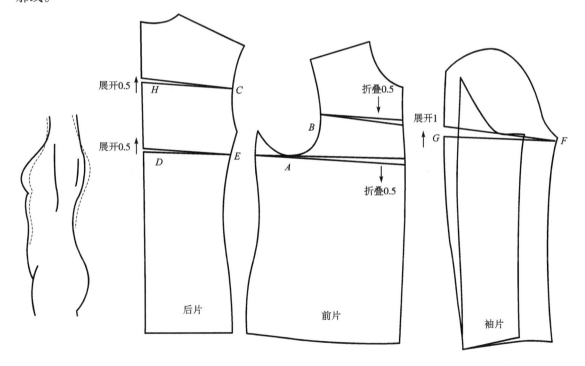

图 9 - 7　驼背体服装纸样修正

四、腹部

由于遗传和发胖而产生的腹部隆起变形，也称凸腹体。人到中老年，体型变化较大，约50%的中老年人会有不同程度的凸肚。通过观察分析女性凸肚最高点一般在腹部。男性凸肚一般在肚脐部和胃部。按正常体胸围和腰围相比，其男子差值为12～16cm，女子差值在14～18cm。如果胸围与腰围差不在这个范围之间或腰围大于等于胸围，就会出现不同程度的凸腹体。对于凸腹体的测量，首先是正确测量腰围、臀围和腹围尺寸，再测量腹凸位置。然后观察凸腹体的着装习惯，如扎腰带的高低，以便为设计上裆提供准确的数据。最后还要测量衣服的前衣长和后衣长尺寸。

1. 体型特征及着装效果

腹部外突，头部自然后仰，腰部的中心轴向后倒。穿上正常体型的西裤时会出现以下现象。

（1）腹部紧绷，前门襟明显隆起凸出。

（2）前门襟线吊起，有八字状涟形。

（3）前侧袋口绷开，不能弥合。

（4）腰围线下面有横向褶皱。

2. 修正方法（图9-8）

（1）以正常体尺寸绘制标准纸样。

（2）前片沿 AB 剪开，以 A 为固定点旋转展开量，假设1cm。

（3）后片沿 CD 剪开，以 D 为固定点旋转折叠量，假设为1cm，最后画顺纸样的外轮廓线。

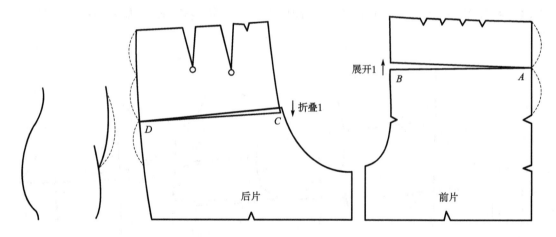

图9-8　凸腹体服装纸样修正

五、臀部

臀部在髋骨的外端，臀大肌的中部，肌肉丰满。臀部的测量尺寸是上装和下装制图的主要依据。在正常体的情况下，男性臀部因骨盆高而窄，髋骨和大转子外凸较缓，臀肌健壮，但脂肪较少，后臀不及女性丰满隆起。男性正常体臀围尺寸比胸围尺寸大3～5cm。女性正常体臀围尺寸比胸围略大4～8cm。在测量时不仅要准确测量臀围尺寸，还应了解臀凸的高低位置。

臀部的非正常体有凸臀体和平臀体两种。一般凸臀体多出现于女体，平臀体多出现于男体。

（一）凸臀体

（1）体型特征及着装特点。臀部丰满凸出，腰部中心轴倾斜。穿上正常体型的西裤时会出现以下现象。

①后裆缝吊紧，后窿门出现明显的涟形。

②后臀部绷紧。

③袋口稍豁开，不能弥合。

④裤脚口朝后豁。

（2）修正方法（图9-9）。

①以正常体尺寸绘制标准纸样。

②后片以AB线剪开，以A为固定点，向上旋转展开1cm。

③加大后裆宽1cm，最后画顺纸样的外轮廓线。

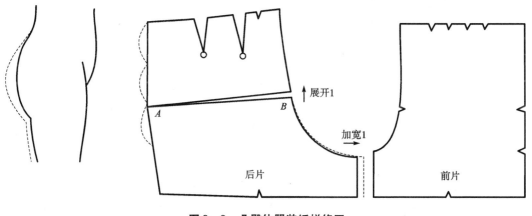

图9-9 凸臀体服装纸样修正

（二）平臀体

（1）体型特征及着装特点。臀部平坦，穿上正常体型的西裤时会出现以下现象。

①裤子后裆缝过长。

②臀部有横褶。

（2）修正方法（图9-10）。

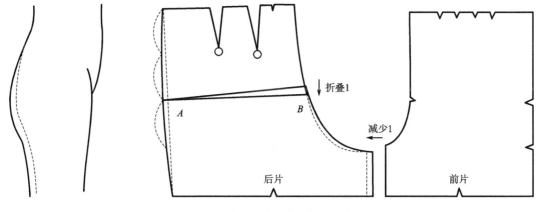

图9-10 平臀体服装纸样修正

①以正常体尺寸绘制标准纸样。

②后裤片以 *AB* 为剪开线，以 *A* 为固定点，向下旋转折叠 1cm。

③减少后裆宽度，减少后臀围，最后画顺纸样。

六、腿部

在正常情况下，人体下肢两腿并立时，大腿、膝、小腿肚和脚跟基本上在人体中轴线上，下肢特体主要表现为 O 形腿和 X 形腿。

（一）O 形腿

（1）体型特征及着装效果。两腿并立后，脚跟靠拢，膝盖并不靠拢，并偏离中轴线，两腿形成一个圆环。穿上正常体型的西裤时会出现以下现象。

①外侧缝下段呈斜向涟形。

②前挺缝线对不准鞋尖。

③脚口处不平服，向外（两侧）荡开。

（2）修正方法（图 9 - 11）。

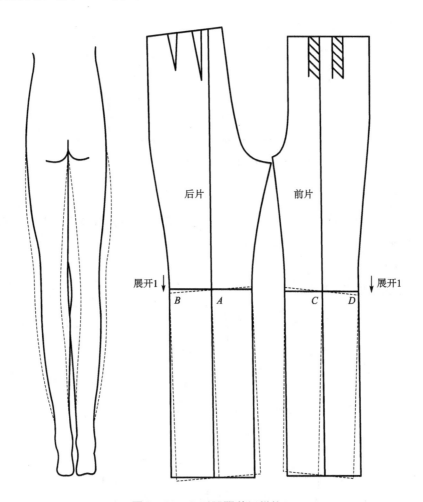

图 9 - 11 O 形腿服装纸样修正

①以正常体尺寸绘制标准纸样。

②前裤片以中裆线为剪开线，以 A 为固定点，在 B 处向下旋转展开 1～2cm。

③后裤片以中裆线为剪开线，以 C 为固定点，在 D 处向下旋转展开 1～2cm，最后画顺纸样的外轮廓线。

（二）X 形腿

（1）体型特征及着装效果。两腿并立后，大腿靠拢，膝以下外撇，并偏离中轴线。穿上正常体型的西裤时会出现以下现象。

①内测缝大腿处呈斜向涟形。

②前挺缝对准鞋尖（双腿呈立正姿势）。

③脚口不平伏向里荡开。

（2）修正方法（图9–12）。

①以正常体尺寸绘制标准纸样。

②前裤片以中裆线为剪开线，C 为固定点，在 D 处向上旋转折叠 1～2cm。

③后裤片以中裆线为剪开线，A 为固定点在 B 处向上旋转折叠 1～2cm，最后画顺纸样的轮廓线。

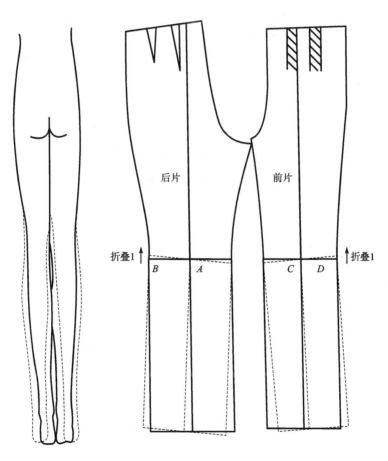

图 9－12　X 形腿服装纸样修正

第三节　西服套装常见弊病处理

常见的服装弊病以各种皱纹弊病为主。在服装各个部位中，凡是宽松过度、运动、设计需要以外的因素产生的服装皱纹均称服装皱纹弊病。主要表现为，当人静态站立时服装某部位会出现起皱吊起、壳开、歪斜不方正、过紧过松等不合体现象。造成服装成品弊病的原因主要有结构制图和缝制工艺两个方面的因素，本节主要从结构制图方面针对常见弊病进行分析及修正。

观察弊病时，主要全面认真地观察服装在着装者身上的静止状态和活动状态时的弊病位置和程度。修正服装弊病时，如何确定修正部位和修正量，是一项技术性很高的工作，不能轻易地拆开缝线和修剪衣片。当服装出现弊病时，有些弊病是可以在原衣片上修正的，有些弊病在原服装上无法弥补，只能利用原衣片找到修正方法为再次裁剪做准备。

服装皱纹是有方向性的，有的呈放射状，有的呈平行状。所以，对于弊病的处理要具体问题具体分析。服装上除人为设计外，不会出现无缘无故的皱纹，不必要的撑、挤、拉、拽都是产生皱纹的因素。知道了皱纹的方向也就等于知道了皱纹的产生原因。服装行业对高级时装和特殊体型的服装均需先试样，补正以后再精确裁剪和制作。试样就是假缝，将衣片的某些部位预留多一些缝份；试穿者穿上后，若出现弊病要进行病症分析，然后采取补正措施，做出合体、称心的服装。

一、夹裆

裤子穿上后，后裆缝夹紧，有多余的皱褶，后裆缝嵌入股间（图9-13）。

（1）产生原因。上裆过短，裆宽不足，后裆弯弧线凹势不够。

（2）修正方法。前后裤片同时下挖上裆，适当增加后裆宽，增加凹势。

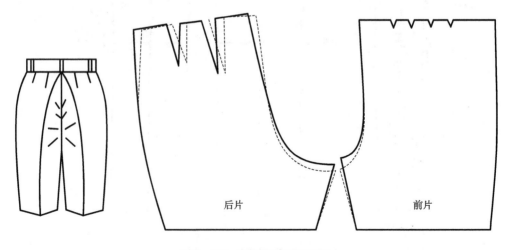

后片　　　前片

图9-13　夹裆服装纸样修正

二、前垂裆

前裆缝两旁呈 V 字状皱纹（图 9 – 14）。

（1）产生原因。前裆缝上端点抬高过大，前侧缝线上端点抬高不足或前中心线过斜及前侧缝困势过大。

（2）修正方法。在前裆缝上端点处缩短长度，在前侧缝线上端点增加量。增大前裆缝劈势，减少腰褶量或减小前裆缝斜度及前侧缝困势。

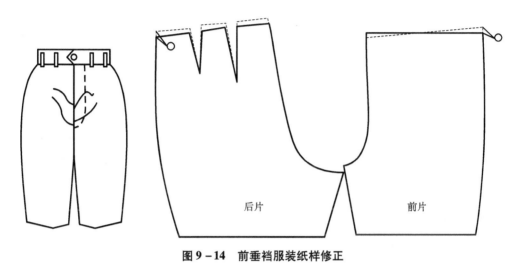

图 9 – 14　前垂裆服装纸样修正

三、后垂裆

人站立时裤子臀部有多余的斜形褶皱（图 9 – 15）。

（1）产生原因。后裆线斜度太大，裤后翘太大，前上裆过短。

（2）修正方法。减小后裆线斜度，侧缝相应移进，后翘降低，前下裆开落。

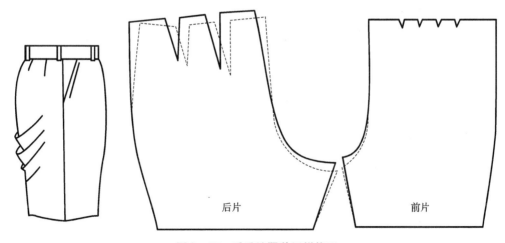

图 9 – 15　后垂裆服装纸样修正

四、裤子后腰口起涌

后腰中部涌起横向褶纹（图 9 – 16）。

（1）产生原因。后裤片后翘太高，后省量太小，省道形状与人体不符。

（2）修正方法。减少后裤片后翘量，增大后省量。

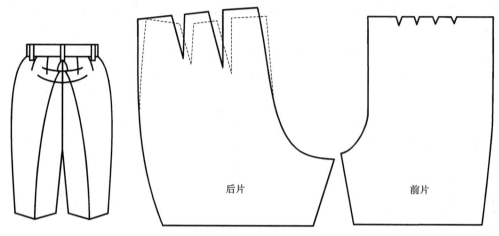

图 9 – 16　后腰口起涌服装纸样修正

五、挺缝线歪斜

挺缝线向内侧或外侧歪斜，穿着不舒服。

（1）产生原因。布料的丝缕歪斜，排料裁剪不正确，缝制中上下片长短松紧不一，熨烫时侧缝与下裆缝错位，腿部特体。

（2）修正方法。注意布料的丝缕，裁剪时排料要按照丝缕方向；针对成品裤子拆开裤子的侧缝和下裆缝，两边有放头（放头是除缝份之外的余量，大小以不影响成衣为宜），可将裤挺缝线移动，若没有放头的可用改小裤腿的方法。

六、前肩八字褶

其皱纹源于前颈肩处，向胸宽处延伸（图 9 – 17）。

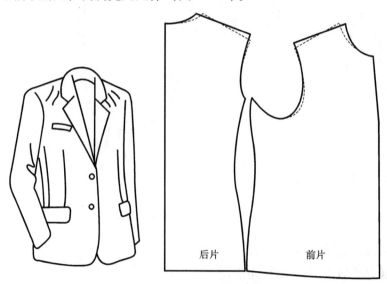

图 9 – 17　前肩八字褶及样板修正方法

（1）产生原因。前后领宽太小，前后肩斜度过小。

（2）修正方法。增大前后领宽，增大前肩斜度。

七、前肩V字涟形，后领起涌

肩下方前领旁边出现V字涟形，后领窝周围出现横向波纹（图9-18）。

（1）产生原因。成衣肩斜太大超过人体肩斜或垫肩太厚，后领深太小，后肩太窄。

（2）修正方法。改小前后肩斜度或减薄垫肩，后领深加大，放宽后肩。

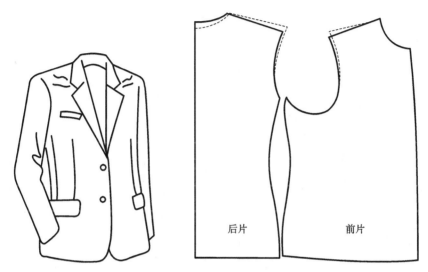

图9-18 前肩V字涟形，后领起涌及样板修正方法

八、前身止口豁开或搅盖

服装穿着后，扣上上面第一粒扣后，下面止口豁开或重合多为搅盖。豁开与搅盖的修正部位相同只是操作方法相反。下面主要介绍豁开的产生原因和修正方法（图9-19）。

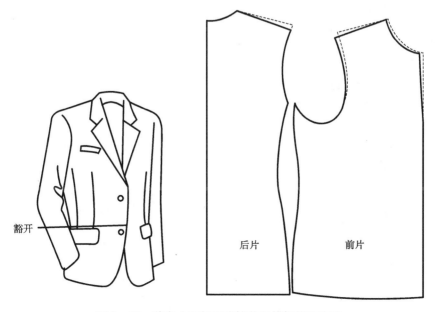

图9-19 前身止口豁开或搅盖及样板修正方法

（1）产生原因。肩斜度太大，缝制工艺不正确，撇门太大，横开领太大。

（2）修正方法。减小肩斜度，正确缝制前衣片；减少撇门量，减少前后横开领。

九、前胸过宽

前胸过宽引起前胸出现竖直皱纹（图9-20）。

（1）产生原因。前胸裁制太宽。

（2）修正方法。在成品裁片上直接修剪前胸宽。

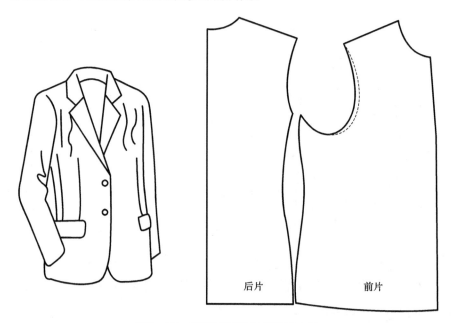

图9-20　前胸过宽及样板修正方法

十、翻领的底领外露

翻领装到衣身后，翻折线不是设计的位置，致使后翻领上升，后底领外露，这种现象俗称"爬领"（图9-21）。

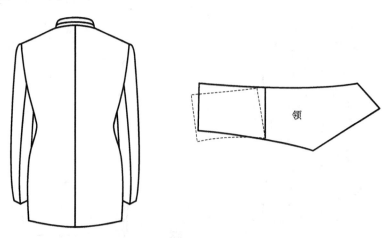

图9-21　底领外露及样板修正方法

（1）产生原因。翻领松度不够，致使翻领外口长度不足，在缝合领面领里时和绱领时的吃势不足，领底线凹势不够。

（2）修正方法。加大翻领松度，加大底领线凹势，改进缝制工艺。

十一、驳口起空

当门里襟叠上后，衣服的驳口线不紧贴胸部（图9－22）。

（1）产生原因。前衣片的领口宽度过大，肩斜度太大，翻领松度太大，驳口线距肩颈距离太小。

（2）修正方法。驳口线归烫，加大前撇胸，缩小前领口宽度，缩小肩斜度，增大驳口线距肩颈点的距离。

图9－22　驳口起空及样板修正方法

十二、领离颈

当上衣穿好后，领口不能贴近颈部，后部离开颈根，四周荡开，使衬衣领外露过多，俗称"荡领"（图9－23）。

（1）产生原因。前后领宽太大，后领深太深后背长不够。

（2）修正方法。减小前后领宽，减小后领深，后片加大背长。

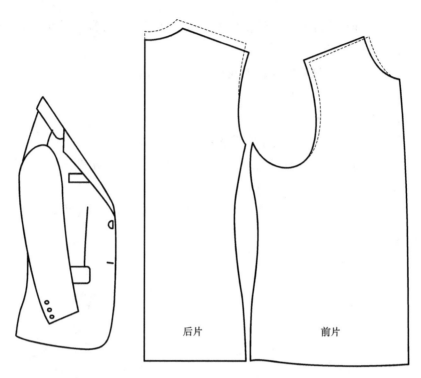

图 9 - 23　颈离领及样板修正方法

十三、圆装袖偏前

服装成型后，袖子整体向前倾斜，袖口遮住大袋位置超过了 1/2，衣袖下垂时，后侧出现斜向皱纹（图 9 - 24）。

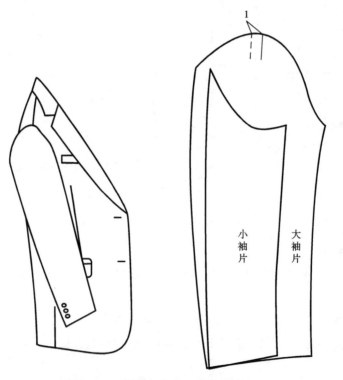

图 9 - 24　圆装袖偏前及样板修正方法

（1）出现原因。袖山头绱袖点的位置不正确，太靠前。

（2）修正方法。将衣袖拆下，拆下来的袖山头绱袖点的位置向后移动1cm左右。

十四、袖山头有横向皱纹

袖子穿着后的静止状态，袖山头出现横向皱纹，手向前活动时，袖子在后背有牵制感觉（图9-25）。

（1）产生原因。袖肥太小，袖山太大。

（2）修正方法。增加袖肥，改小袖山。

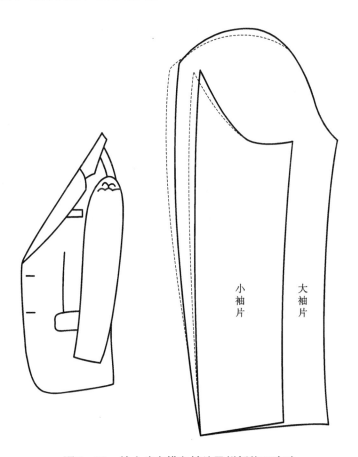

图9-25　袖山头有横向皱纹及样板修正方法

十五、袖里起吊、袖子出现涟形

服装成型后，袖子出现涟形，袖里面不平伏（图9-26）。

（1）产生原因。袖子面里对位点不准确。

（2）修正方法。拆开袖子，重新确定袖子面和里的缝合对位点。

图 9 – 26　袖里起吊、袖子出现涟形

参考文献

［1］余兴国．服装工业制板［M］．上海：东华大学，2014.

［2］潘波，赵欲晓．服装工业制板［M］.2 版．北京：中国纺织出版社，2010.

［3］张文斌．服装结构设计［M］．北京：中国纺织出版社，2006.

［4］骆振楣．服装结构制图［M］．北京：高等教育出版社，2006.

［5］成月华，王兆红．服装结构制图［M］．北京：化学工业出版社，2013.